抠图在Photoshop中是最为重要的技法之一，是后期图像处理的重要基础

新闻出版总署"盘配书"项目

Photoshop
抠图技法宝典

张磊 编著

- 8大类抠图方法和技巧，包括基本选区工具抠图、路径工具抠图、蒙版抠图、通道抠图等，使您快速体验图像处理的乐趣。
- 近40个具有代表性的案例分析，如：人物、动物、毛发、婚纱、火焰、烟雾、酒杯等，深入剖析了各种抠图技术与技巧。
- 50段共计近400分钟的书中实例教学视频，同时演示实例的操作过程和绘制细节，让您的学习变得轻松、简单。

1DVD高清教学光盘

超值附赠2.5GB的DVD光盘，内容包括近200个素材文件、近50个效果文件以及50段近400分钟的视频教学。

北京希望电子出版社
Beijing Hope Electronic Press
www.bhp.com.cn

内 容 简 介

　　本书针对 Photoshop 的基础知识、抠图的工具并结合实际案例进行讲解，共分为 13 章。第 1~3 章主要介绍抠图前需要了解的问题、Photoshop CS6 的工作界面、应用领域、常用抠图命令以及抠图新手需要掌握的知识点等基本知识。第 4~11 章是本书的核心部分，重点讲解使用不同工具抠图的思路、方法和技巧。这些方法包括：使用基本选区工具抠图、使用路径工具抠图、使用橡皮擦工具抠图、使用调整边缘命令抠图、使用蒙版抠图、使用通道抠图、使用混合模式抠图以及使用专用抠图插件抠图。第 12 章和第 13 章还非常详细地讲解了常用图像的抠图技法和抠取特殊图像的案例，有助于读者充分理解抠图方法，提高软件的应用能力。

　　本书内容全面、条理清晰、实例丰富，适合具有一定 Photoshop 操作基础的读者，尤其适合设计人员、摄影爱好者、网店店主以及图形图像处理爱好者。

　　光盘提供书中部分案例的源文件、素材文件以及视频教学文件。

图书在版编目（CIP）数据

　　Photoshop 抠图技法宝典 / 张磊编著. —北京：北京希望电子出版社，2013.1

　　ISBN 978-7-83002-076-7

　　Ⅰ.①P… Ⅱ.①张… Ⅲ.①图像处理软件 Ⅳ.①TP391.41

中国版本图书馆 CIP 数据核字（2012）第 276817 号

出版：北京希望电子出版社	封面：深度文化
地址：北京市海淀区上地 3 街 9 号	编辑：韩宣波
金隅嘉华大厦 C 座 611	校对：小 亚
邮编：100085	开本：787mm×1092mm　1/16
网址：www.bhp.com.cn	印张：17.5（全彩印刷）
电话：010-62978181（总机）转发行部	印数：1-3500
010-82702675（邮购）	字数：400 千字
传真：010-82702698	印刷：北京天时彩色印刷有限公司
经销：各地新华书店	版次：2013 年 1 月 1 版 1 次印刷

定价：55.00 元（配 1 张 DVD 光盘）

前 言 Preface

抠图是什么？
抠图能做什么？
抠图操作起来难吗？

抠图简单地来说，就是"前景"与"背景"分离，将图像中需要的部分从画面中提取出来的操作，我们称之为抠图。抠图在Photoshop中是最为重要的技法之一，也是后期图像处理的重要基础，如进行图像合成、高水准的艺术创作等。随着网络应用的普及，抠图的应用越来越广泛，如平面广告、网页设计、界面设计、商品展示、婚纱摄影……甚至于我们生活中拍摄的数码相片想要处理都离不开抠图。

本书遵循深入浅出、循序渐进的方式来讲解抠图入门的基础知识，以及这些知识在实际操作中的应用。本书共分为13章，抠图的基础知识、Photoshop中常用的抠图工具以及案例操作、常用图像的抠图技法以及特殊图像的抠取等3个方面来具体讲解。要想驾驭好这些工具与技巧不是一件容易的事情，这就需要操作者掌握全面的技术和技巧，还要具备丰富的实战经验以及融会贯通的能力，能够综合运用各种工具来发挥它们的优势，才能有的放矢，达到事半功倍的效果。

使用Photoshop抠图的方法虽然有很多，但是如何能够选取正确的方法抠图呢？这就要根据所选择的图像与背景之间的关系来判断，根据图像的特点，每一种方法都只适合处理特定类型的图像。本书全面介绍了最新版本Photoshop CS6中的各种抠图方法和抠图技巧，通过大量具有代表性的案例分析，如：人物、动物、毛发、婚纱、火焰、烟雾、酒杯、边缘复杂的对象等，深入剖析了各种抠图技术与技巧。本书思路清晰，语言通俗易懂，只需一步步进行练习，就会掌握抠图的万用妙法。

本书配套的DVD光盘内容丰富，收录了书中所有实例的素材文件、PSD格式源文件，便于读者跟随书中讲解的步骤随时进行操作练习；还提供了多媒体的视频教学，将各章节的实例操作步骤通过音视频的方式进行讲解，方便读者更直观地来学习，快速掌握抠图的技术。

本书比较适合具有一定Photoshop操作基础的读者，尤其适合设计人员、摄影爱好者、网店店主以及图形图像处理爱好者，希望本书的读者能够在实践中运用这些抠图的方法和技巧，创作出更多更优秀的作品。

本书由张磊编写，参与编写的还有孟凡宇、孟阳、王峰、田青、袁博文、张宏、柴鹏、许蕊、刘肇庆、李立斌、班勇等。尽管作者在编写的过程中力求准确、完善，但由于精力、水平有限，书中难免会有疏漏之处，还望广大读者给予批评指正。

编著者

Contents

第3章
抠图新手需要掌握的知识点

第4章
使用基本选区工具抠图

第5章
使用路径工具
抠图

第6章
使用橡皮擦工具
抠图

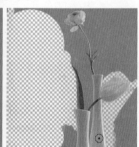

第7章
使用"调整边缘"命令抠图

第8章
使用蒙版抠图

第9章
使用通道抠图

第10章
使用混合模式
抠图

第11章 使用专业抠图插件抠图

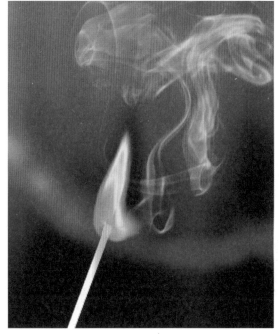

第12章
常用图像抠图技法

第13章
抠取特殊的图像

Chapter 01

第1章
抠图前需要了解的问题

　　抠图是Photoshop中最常见也是最重要的操作技法之一，利用Photoshop中的工具和各项菜单命令可以完成图像的抠取。当然这不是件容易的事情，用户需要掌握各种操作的技术，还要有丰富的经验和娴熟的技巧才可以。那么在开始抠图前，首先要对抠图有一定的认识，来加深一下了解。

 1.1　什么是抠图

"抠图"从字面上很容易理解,就是抠取图像。顾名思义,抠图就是把图像中的某一部分从原始的图像中分离出来成为单独的图层,为后期的图像合成做准备,也可称之为抠像、去背或退底。简单地说,抠图就是分解图像,把需要保留的部分抠选下来,把不需要的部分删除或隐藏。

抠图在我们的生活中也无处不在,随着数码相机、扫描仪等设备的普及,越来越多的人开始热衷于把自己手中的照片进行特殊处理,如把人像抠取出来放到其他背景中,把动物的头像抠选下来放在人的身上来恶搞一下等,都需要用到抠图。如图1-1所示的就是一个图像从背景中抠选出来的对比效果。

原图　　　　　　　　　　　　　　　　　　　　　　　将对象从背景中分离出来

图1-1

 1.2　为什么要抠图

为什么要抠图呢?原因很简单,就是要通过抠取的图像来制作两幅或多幅图像的合成效果,这也是抠图的目的。那么抠图的技术和方法就会直接影响抠图的质量,进一步来说会影响最终的图像合成效果。总之,只要接触图像处理就离不开抠图。

如图1-2所示为一个典型的图像抠图与合成的过程。原图像通过抠图分离为前景和背景两个部分,然后前景与新背景合成得到一张新的合成图。从图中可以看出来,通过分离并重新组合图像可以实现很多特殊效果,这其中的关键就是如何精确地抠取出图像,使之与新背景合成的更加逼真自然,这就是在抠图过程中要解决的首要问题。

图1-2

1.3　抠图的难点所在

　　抠图的方法不是千篇一律的，由于图像的情况不同，抠图方法也有很大的区别。在抠图中要针对不同的图像选取相应的工具和命令来进行图像的抠取，然后为抠取出的图像添加合适的背景来丰富画面效果。下面就来看一下在抠图过程中经常遇到的难点。

1. 毛发的抠取

　　抠取人物的头发、动物的毛发都是抠图时常常会遇到的，它们的难点就在于如何来抠选出精细的发丝。这就需要对图像的背景进行分析，如果是单一颜色的背景，那么可以选用魔棒、背景橡皮擦、快速选择等工具快速选择出来；如果背景比较复杂，就需要运用通道或者蒙版来完成。如图1-3所示为抠取人物头发前后对比效果。

图1-3

2. 婚纱的抠取

　　在处理婚纱类的图像时，常常要为人物替换不同的背景，那么就需要从原始图片中将婚纱抠取。婚纱抠取的难点就在于半透明部分的处理，如何能够抠选出半透明纱的质感是操作的难点，这种类型的图像主要应用"通道"来完成，在通道中运用各种工具和命令来制作半透明的Alpha通道，抠取出半透明的婚纱效果，如图1-4所示。

图1-4

3. 透明玻璃器皿的抠取

高脚杯、饮水杯、茶杯、玻璃瓶等都属于透明的玻璃物体，它们的共同点就是颜色纯正、透光性高，这一类型的物体由于透明度高并且与背景融合的程度很大，使抠图中就比较复杂。大体的思路应该是先抠取整个玻璃物体的轮廓，再通过通道、蒙版或者混合模式等方法抠取玻璃物体的高光部分、反光部分以及暗部，如图1-5所示。

图1-5

1.4 抠图的应用范围

通过前面大家已经知道什么是抠图，也知道抠图在Photoshop中占有重要的地位，通过抠图可以制作出各类有趣、不可思议的合成图像，那么抠图具体能做些什么？可以应用到哪些方面呢？

1. 平面设计的合成应用

抠图在平面设计中应用非常广泛，广告、海报、招贴、易拉宝、画册、宣传页等设计中都可以看到抠图的应用，通过这些抠取的图像会更直接、更准确地传达出要表达的信息，达到更快捷的宣传效果，如图1-6所示。

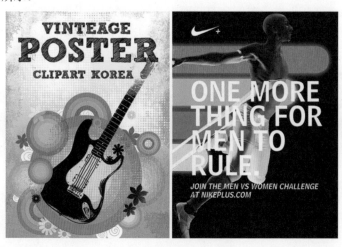

图1-6

2. 网页设计的应用

抠图在网页设计中的应用也是十分普遍的，如使用不同的网页背景、网站页面中的广告，还有现在比较流行的电子商务网站中的商品更是随处可见，通过抠取不同的商品，为其添加纯色或使用的背景来展示商品等，如图1-7所示。

图1-7

3. 特效照片的应用

在影楼或者日常处理照片中，也能够看到抠图的应用，通过选取照片中一部分的区域进行设计创作，还可以通过抠取照片合成出有趣的画面等，如图1-8所示。

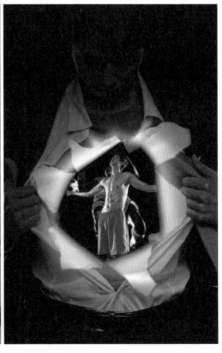

图1-8

Chapter 02

第2章
抠图必备软件——
Photoshop

Adobe Photoshop，简称"PS"，是美国Adobe 公司开发的一个集图像
扫描、编辑修改、图像制作、广告创意、图像合成、图像输入/输出于一体的
专业图形处理软件。

Photoshop是设计人员必不可少的工具，使用它可以随心所欲地创作，从一张空白的画面开始，通过各种绘图工具的配合绘制出一幅幅优秀的作品；也可以通过一幅或几幅图像的合成，经过抠取图像、调整颜色、明度、饱和度、对比度等操作，使图像与创意很好地融合，来制作天马行空的效果，再通过各种特殊滤镜的交叉使用，更为作品增添了变幻无穷的魅力。

Photoshop由最初的Photoshop1.0版到Photoshop2.0、Photoshop2.5、Photoshop3.0、Photoshop4.0、Photoshop5.0、Photoshop5.5、Photoshop6.0、Photoshop7.0...至今天的Photoshop CS6，随着版本的不断提高，其功能也越来越强大。

最新版本的Photoshop CS6号称是Adobe公司历史上最大规模的一次产品升级，它具备最先进的图像处理技术、全新的创意选项和极快的性能。借助新增的"内容识别"功能进行润色并使用全新改良的工具和工作流程创建出出色的设计和影片。Photoshop CS6在速度、功能和效率上都是无与伦比的。全新、优雅的界面提供多种开创性的设计工具，包括内容感知修补、新的虚化图库、更快速且更精确的裁剪工具、直观的视频制作等。

 ## 2.1　Photoshop CS6工作界面

熟练掌握Photoshop的各项操作是抠取图像的基础，下面就来介绍一下Photoshop的操作界面以及界面的布局，以便大家对Photoshop的理解。

1. 启动软件

首先确保自己的计算机上已经安装上了Adobe Photoshop CS6软件，那么启动软件有两种方法：

- 方法1：单击【开始】|【所有程序】|【Adobe Photoshop CS6】命令，启动Adobe Photoshop CS6软件。
- 方法2：如果桌面上有Adobe Photoshop CS6的快捷启动图标 ，双击该启动图标，也可以启动Adobe Photoshop CS6软件，启动界面如图2-1所示。

图2-1

2. 界面组成

全新的Photoshop CS6采用的是经过完全重新设计的深色界面，据说能带来"更引人入胜的使用体验"。如果用户更喜欢原来的浅灰色界面，也可以通过"编辑｜首选项｜界面"命令进行设置。

Adobe Photoshop CS6 的工作界面主要包括菜单栏、选项栏、选项卡式文档窗口、工具箱、控制面板、工作窗口和状态栏组成，如图2-2所示。

图2-2

● 菜单栏：位于程序的顶部，Adobe Photoshop CS6中将原来的标题栏与菜单栏整合在一起，这样的改变，能够使界面更简洁，工作窗口可操作区域面积也相应的变大。

菜单栏中包括"文件"、"编辑"、"图像"、"图层"、"文字"、"选择"、"滤镜"、"3D"、"视图"、"窗口"、"帮助"11个菜单，几乎包括了Adobe Photoshop CS6中所有的操作命令以及窗口的定制，但是在实际操作中，我们很少直接从菜单栏中选择操作命令，而是使用更加方便快捷的键盘快捷键。菜单栏如图2-3所示。

图2-3

● 选项栏：选项栏一般与工具栏配合使用，只要选择不同的工具，选项栏上就会自动显示该工具的相关属性设置，这是使用频率比较高的一组命令。如图2-4所示为选择移动工具后的选项栏。

图2-4

● 选项卡式文档窗口：在Photoshop中可以打开多个图像文件，用选项卡这种方式可以很方便地在各个图像文件之间切换，以便提高工作效率，如图2-5所示。

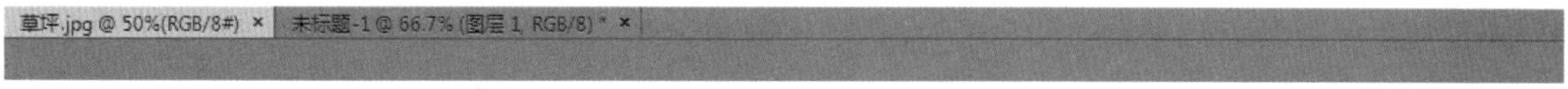

草坪.jpg @ 50%(RGB/8#) ×　未标题-1 @ 66.7% (图层 1, RGB/8) * ×

图2-5

● 工具箱：位于程序界面的左侧，要使用工具箱中的工具，只要单击该工具图标即可在文件中使用。如果该图标右下角有一个小三角形，说明在该图标中还有其他工具，单击鼠标右键或者长按鼠标左键就可以弹出隐藏的工具，选择其中的工具即可使用，如图2-6所示。

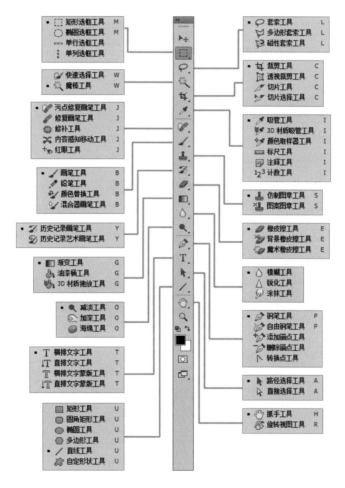

图2-6

● 控制面板：在Photoshop中经常会用到，以前通常称为浮动面板，因为它们是浮动的，从最近几个版本开始，Photoshop将这些面板放置在程序界面的右侧。这些面板提供了某方面的专业功能，比如【字符】面板可以调整字体、字号、字间距、行距、字体加粗、字体倾斜等设置；【画笔】面板可以调节画笔的大小、形状、颜色、间距、纹理等各项参数；【历史记录】面板可以记录操作步骤，使用此面板可以随时撤销已做的操作步骤；【信息】面板可以查看图像像素色彩值、坐标值、尺寸大小等信息。在Photoshop中的所有控制面板中都可以在"窗口"菜单中找到，并显示或者隐藏它们。

在Photoshop这些控制面板中，【图层】面板、【通道】面板和【路径】面板是最常用的3个面板，它们的操作也都基本类似，如：新建、复制、删除等。我们可以把这3个面板组合在一起，使用起来更加方便，如图2-7所示。

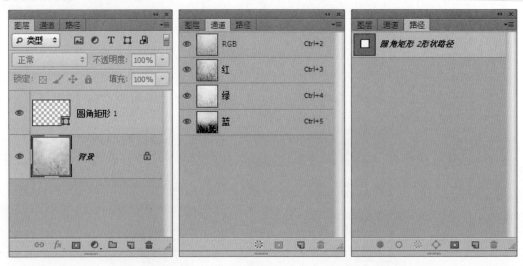

图2-7

- 工作窗口：位于程序界面的中心位置，是Photoshop对图像处理的主要窗口，所有的操作都将在此窗口中完成。
- 状态栏：位于程序界面的底部，用来缩放和显示当前图像的各种参数信息，如图2-8所示。

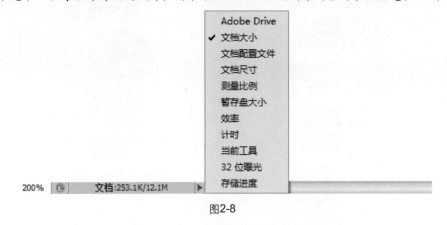

图2-8

 ## 2.2 Photoshop 的应用领域

大多数人认为Photoshop是"一个很好的图像编辑软件"，并不知道它有哪些方面的应用。事实上，它的应用范围很广泛，无论是图形图像、出版，还是文字视频等各方面都有涉及。

1. 平面设计

平面设计是Photoshop应用最为广泛的领域，我们日常生活中常见的杂志、大街上看到的招贴、海报、易拉宝等丰富多样的平面印刷品，基本上都需要使用Photoshop进行图像处理，如图2-9所示。

图2-9

2. 广告摄影

广告摄影无论在视觉上还是在精度上的要求都比较高，最终的成品往往都要经过Photoshop的处理加工才能得到满意的效果，如图2-10所示。

图2-10

3. 创意影像

对于处理创意影像，Photoshop是最适合的软件，它可以把不相关的一个或几个对象组合在一起，使图像发生巨大变化的同时又变幻莫测，如图2-11所示。

4. 艺术文字

经过Photoshop的处理可以使文字产生各式各样的艺术效果，如图2-12所示。

图2-11

图2-12

5. 视觉创意

　　视觉创意一般用于商业目的的较多，由于它为广大设计爱好者提供了广阔的设计空间，因此越来越多的设计爱好者开始学习Photoshop，并进行具有个人特色与风格的视觉创意，如图2-13所示。

图2-13

6. 网页设计

随着网络的普及，Photoshop被越来越多的人掌握，因为在制作网页时Photoshop是必不可少的网页图像处理软件，如图2-14所示。

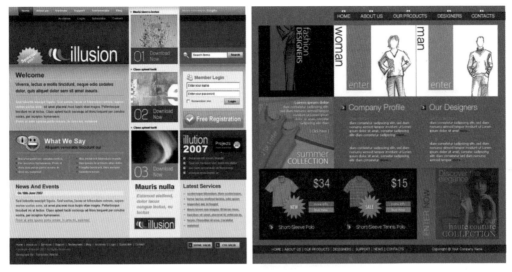

图2-14

7. 界面设计

界面设计这一个新兴的领域，已经受到越来越多的软件企业及开发者的重视，目前绝大多数的界面设计师都使用Photoshop来设计界面，如图2-15所示。

图2-15

8. 图标设计

虽然设计图标有专门的软件，但是设计师还是习惯于在Photoshop中制作非常精美的图标，再通过其他软件转为图标格式，如图2-16所示。

图2-16

9. 建筑效果图后期修饰

在制作建筑效果图过程中包括许多三维场景时，人物与配景以及场景的颜色常常需要在Photoshop中增加、修改并调整，如图2-17所示。

图2-17

10. 绘画设计

由于Photoshop具有良好的绘画与调色功能，许多插画设计师往往使用铅笔绘制草稿，然后用Photoshop填色的方法来绘制插画。除此之外，近些年来非常流行的像素画也多为设计师使用Photoshop创作的作品，如图2-18所示。

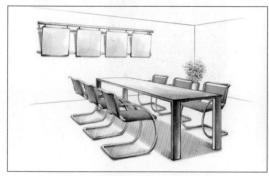

图2-18

Photoshop在实际中的应用并不止这些，它的使用在我们生活中的方方面面都可以找到，例如修复照片、婚纱照片、影视后期、二维动画等都有涉及。

2.3 Photoshop 常用抠图工具和命令

　　Photoshop中提供了非常多的抠图工具和抠图命令，从简单的基本选区工具、路径工具、橡皮擦工具到复杂的蒙版、通道等操作，都可以很好地抠取图像，当然并不是每一种方法或者每一种工具都适合所有类型的图像，这要根据实际的图像去具体分析，采用哪种工具或命令能够高效率、高质量地抠取图像才是我们应该去考虑的。下面就来学习一下Photoshop常用的几种抠图工具和命令。

1. 基本选区工具

● 选框工具：选框工具包括矩形选框工具［□］、椭圆形选框工具［○］、单行选框工具［┅］和单列选框工具［┇］，它们是最基本的选择工具，适合选择规则的矩形、正方形、椭圆形、圆形等几何形状的对象，如图2-19所示。

图2-19

● 套索工具：套索工具包括套索工具［○］、多边形套索工具［∑］和磁性套索工具［∑］，它们也是比较简单的选择工具。其中套索工具［○］适合制作比较随意的选区，更倾向于手绘；多边形套索工具［∑］可以创建由直线构成的选区，适合边缘为直线的对象；磁性套索工具［∑］能够自动检测和吸附在对象的边界，可以快速选择边缘与背景对比清晰的图像，如图2-20所示。

图2-20

● 魔棒工具：根据图像的颜色和色调的差异来建立选区。比较适合选择背景颜色变化较小、轮廓清晰的对象，使用该工具可以快速将其选中，如图2-21所示。

图2-21

● 快速选择工具：可以像画笔一样涂抹出选区的工具，自动查找和跟随图像定义边缘，如图2-22所示。

图2-22

2. 钢笔工具

钢笔工具是比较常用的抠图工具，配合直接选择工具和转换点工具对路径进行编辑来完成抠图。钢笔工具在制作选区时十分方便，便于编辑和修改，适合带有复杂背景图像的抠图，但不适合带有毛发的对象抠图，如图2-23所示。

图2-23

3. 橡皮擦工具

- 背景橡皮擦工具 ：该工具是一种智能橡皮擦，它可以自动识别对象的边缘，将指定范围内的图像擦除成为透明区域，适合处理边缘清晰的对象，如图2-24所示。

图2-24

- 魔术橡皮擦工具 ：该工具也是一种智能橡皮擦，只需在背景上单击一下即可擦除背景，适合擦除色调和颜色相似的像素，非常方便快捷，如图2-25所示。

图2-25

4. 调整边缘命令

调整边缘命令是非常好用的抠图工具,它既能抠图,也能编辑选区,还能对选区进行羽化、扩展、收缩等处理。它比较适合抠取透明区域、毛发等细微的对象,如图2-26所示。

图2-26

5. 蒙版

Photoshop中的蒙版主要可以分为四类,分别是图层蒙版、矢量蒙版、剪贴蒙版和快速蒙版。

● **图层蒙版**:图层蒙版是由于控制图像显示范围的工具。可以使用各种绘画工具或滤镜来处理。使用图层蒙版来制作选区和使用基本的选区工具(橡皮擦工具、套索工具等)来制作选区的最大区别在于:图层蒙版对图像没有任何破坏作用,而基本选区工具所绘制的选区,将不被保留的区域删除后,图像也随之破坏了,不可恢复,如图2-27所示。

图2-27

● **矢量蒙版**:矢量蒙版是通过绘制路径来创建蒙版,不能像图层蒙版那样制作出图像的半透明效果。

● **剪贴蒙版**:剪贴蒙版实际上是将一个图层变成其他图层(一个或者多个图层)的蒙版。

● **快速蒙版**:快速蒙版与图层蒙版类似,也可以使用各种绘图工具和滤镜来处理编辑选区。

6. 通道

通道是Photoshop最强大的抠图工具，它可以抠取非常复杂的对象，如毛发、玻璃制品、烟雾、婚纱等。我们可以使用Photoshop中各种绘画工具和滤镜来编辑通道。利用通道可以抠取其他选择工具和命令不易实现的选取工作，如图2-28所示。

图2-28

7. 混合模式

混合模式可以改变像素的混合效果，适合抠取色调与背景之间对比较大的对象。

8. 外挂滤镜

外挂滤镜也就是独立安装在Photoshop中的第三方插件，如"抽出"滤镜、Mask Pro、Knockout等。它们擅长抠取复杂的毛发、人像、透明玻璃等对象，操作方法简单，容易上手，如图2-29所示。

图2-29

Chapter 03

第3章
抠图新手需要掌握的知识点

在学习抠图之前，有一些知识点需要先了解一下，如图像的色彩模式、图像的分辨率、图像的存储格式、保存和置入图像的方法等。如果能在抠图前掌握这些知识点，那么在抠图的过程中操作起来会更加方便。

3.1　图像常见的色彩模式

提起色彩模式也许会有些不熟悉，但是要说"RGB、CMYK、LAB……"这些相信大多数人都不会陌生，色彩模式是图形设计最基本的知识，用户一定要掌握，每一种色彩模式都有自己的特点和适用范围。下面就来了解一下Photoshop中常见的色彩模式。

1. RGB模式

适用于显示器、投影仪、扫描仪、数码相机等。在设计中适用于网页设计、图标设计、界面设计等。

RGB是最常见的色彩模式之一，是色光的色彩模式。R代表红色，G代表绿色，B代表蓝色，3种色彩叠加形成了其他的色彩。因为3种颜色都有256个亮度水平级，所以3种色彩叠加就形成1670万种颜色了，也就是真彩色，通过它们足以再现绚丽的世界。

在 8 位/通道的图像中，彩色图像中的每个 RGB（红色、绿色、蓝色）分量的强度值为 0（黑色）到 255（白色）。例如，亮绿色使用 R 值 70、G 值 230 和 B 值 0。当所有这 3 个分量的值相等时，结果是中性灰度级。当所有分量的值均为 255 时，结果是纯白色；当这些值都为 0 时，结果是纯黑色。

尽管 RGB 是标准颜色模型，但是所表示的实际颜色范围仍因应用程序或显示设备而异。Photoshop 中的 RGB 颜色模式会根据用户在"颜色设置"对话框中指定的工作空间设置而不同。

2. CMYK模式

适用于打印机、印刷机等。也是常见的色彩模式，广泛应用于平面设计中。

CMYK代表印刷上用的4种颜色，C代表青色，M代表洋红色，Y代表黄色，K代表黑色。因为在实际引用中，青色、洋红色和黄色很难叠加形成真正的黑色，最多不过是褐色而已。因此才引入了K（黑色）。黑色的作用是强化暗调，加深暗部色彩。

在 CMYK 模式下，可以为每个像素的每种印刷油墨指定一个百分比值。为最亮（高光）颜色指定的印刷油墨颜色百分比较低；而为较暗（阴影）颜色指定的百分比较高。例如，亮绿色可能包含 50% 青色、0% 洋红、100% 黄色和 0% 黑色。在 CMYK 图像中，当4种分量的值均为 0% 时，就会产生纯白色。

CMYK模式是最佳的打印模式，RGB模式尽管色彩多，但不能完全打印出来。在制作用印刷色打印的图像时，使用CMYK模式虽然能够避免色彩的损失，但是运算速度很慢。主要因为：
（1）即使在CMYK模式下工作，Photoshop也必须将CMYK模式转变为显示器所使用的RGB模式。
（2）对于同样的图像，RGB模式只需要处理3个通道即可，而CMYK模式则需要处理4个通道。所以我们一般情况下是在RGB或者Lab模式下编辑图像，在制作完成后将图像进行模式转换，这样可以最大程度减少图像失真。

尽管 CMYK 是标准颜色模型，但是其准确的颜色范围随印刷和打印条件而变化。Photoshop中的 CMYK 颜色模式会根据用户在"颜色设置"对话框中指定的工作空间设置而不同。

3. Lab模式

Lab模式既不依赖于光线，也不依赖于颜料，它是CIE组织确定的一个理论上包括了人眼可以

看见的所有色彩的色彩模式。Lab模式弥补了RGB和CMYK两种色彩模式的不足。

Lab模式由3个通道组成，但不是R、G、B通道。它的一个通道是亮度，即L；另外两个是色彩通道，用A和B来表示。A通道包括的颜色是从深绿色（底亮度值）到灰色（中亮度值）再到亮粉红色（高亮度值）；B通道则是从亮蓝色（底亮度值）到灰色（中亮度值）再到黄色（高亮度值）。因此，这种色彩混合后将产生明亮的色彩。

Lab模式所定义的色彩最多，且与光线及设备无关并且处理速度与RGB模式同样快，比CMYK模式快很多。因此，可以放心大胆地在图像编辑中使用Lab模式。而且，Lab模式在转换成CMYK模式时色彩没有丢失或被替换。因此，最佳避免色彩损失的方法是应用Lab模式编辑图像，再转换为CMYK模式打印输出。

当用户将RGB模式转换成CMYK模式时，Photoshop会自动将RGB模式转换为Lab模式，再转换为CMYK模式。

在表达色彩范围上，处于第一位的是Lab模式，第二位是RGB模式，第三位是CMYK模式。

4. 灰度模式

灰度模式在图像中使用不同的灰度级。在 8 位图像中，最多有 256 级灰度。灰度图像中的每个像素都有一个 0（黑色）到 255（白色）之间的亮度值。在 16 位和 32 位图像中，图像中的级数比 8 位图像要大得多。

灰度值也可以用黑色油墨覆盖的百分比来度量（0% 等于白色，100% 等于黑色）。

灰度模式使用"颜色设置"对话框中指定的工作空间设置所定义的范围。

5. 位图模式

位图模式用两种颜色（黑和白）来表示图像中的像素。位图模式的图像也叫作黑白图像。因为其深度为1，也称为一位图像。由于位图模式只用黑白色来表示图像的像素，在将图像转换为位图模式时会丢失大量细节，因此Photoshop提供了几种算法来模拟图像中丢失的细节。

6. 双色调模式

双色调模式采用2~4种彩色油墨来创建由双色调（2种颜色）、三色调（3种颜色）和四色调（4种颜色）混合其色阶来组成图像。在将灰度图像转换为双色调模式的过程中，可以对色调进行编辑，产生特殊的效果。而使用双色调模式最主要的用途是使用尽量少的颜色表现尽量多的颜色层次，这对于减少印刷成本是很重要的，因为在印刷时，每增加一种色调都需要更大的成本。

7. 索引模式

索引模式是网上和动画中常用的图像模式，可生成最多256 种颜色的8位图像文件。当转换为索引颜色时，Photoshop将构建一个颜色查找表 (CLUT)，用以存放并索引图像中的颜色。如果原图像中的某种颜色没有出现在该表中，则程序将选取最接近的一种，或使用仿色以现有颜色来模拟该颜色。

尽管其调色板很有限，但索引颜色能够在保持多媒体演示文稿、Web 页等所需的视觉品质的同时，减少文件大小。在这种模式下只能进行有限的编辑。要进一步进行编辑，应临时转换为RGB模式。

8. 多通道模式

多通道模式图像在每个通道中包含256个灰阶，对于特殊打印很有用。多通道模式图像可以存储为Photoshop、大文档格式 (PSB)、Photoshop 2.0、Photoshop Raw 或 Photoshop DCS 2.0 格式。

当将图像转换为多通道模式时，可以遵循以下原则：

- 由于图层不受支持，因此已拼合。
- 原始图像中的颜色通道在转换后的图像中将变为专色通道。
- 通过将CMYK图像转换为多通道模式，可以创建青色、洋红、黄色和黑色专色通道。
- 通过将RGB图像转换为多通道模式，可以创建青色、洋红和黄色专色通道。
- 通过从RGB、CMYK或Lab图像中删除一个通道，可以自动将图像转换为多通道模式，从而拼合图层。
- 要导出多通道图像，请以Photoshop DCS 2.0 格式存储图像。

> ⚠ **注　意**
>
> 索引颜色和32位图像无法转换为多通道模式。

9. 8位/16位通道模式

在灰度RGB或CMYK模式下，可以使用16位通道来代替默认的8位通道。根据默认情况，8位通道中包含256个色阶，如果增到16位，每个通道的色阶数量为65536个，这样能得到更多的色彩细节。Photoshop可以识别和输入16位通道的图像，但对于这种图像限制很多，所有的滤镜都不能使用，另外16位通道模式的图像不能被印刷。

⭐ 3.2　转换图像色彩模式

素材文件	素材\第3章\3D.gif	难度系数	★
视频文件	视频文件\第3章\转换图像色彩模式.avi		

Photoshop提供了多种色彩模式，不同的色彩模式之间因为颜色范围及各自的特性不同而存在差异，为了在不同的情况下正确输出图像，有时会需要把色彩模式从一种转换为另一种。对图像色彩模式进行转换的具体操作步骤如下：

 按Ctrl+O组合键，在打开的"打开"对话框中选择随书配套光盘中的"3D.gif"文件，如图3-1所示。

图3-1

02 此时可以发现，在Photoshop菜单栏中的大部分命令都不可用，这是因为不同格式的图像会有一些限制。GIF格式的图像默认为索引模式，这时就要先将其色彩模式转换一下，才能编辑。执行菜单"图像 | 模式 | RGB颜色"命令，如图3-2所示，即可完成色彩模式的转换。

图3-2

3.3 图像的分辨率

在图像处理中对于图片尺寸和质量的描述经常要用到像素和分辨率的概念，像素是图片大小的基本单位，图像的像素大小是指位图在高和宽两个方向的像素数；图像的分辨率是指打印图像时在每个单位长度上打印的像素数，在Photoshop中通常以"像素/英寸"（pixel per inch，缩写ppi）来衡量。

1. 更改分辨率

一般图像的分辨率是固定的，如果更改分辨率只会产生两种结果：

一是执行菜单"图像 | 图像大小"命令，弹出"图像大小"对话框，可以看到图像分辨率为72像素/英寸，直接将其改为300像素/英寸，会看到图像被瞬间放大，虽然强制让画面变为300像素/英寸，但是画面充满了像素点，模糊且粗糙，图像的效果有很大的损失，如图3-3所示。

原图　　　　　　　　　　　　更改分辨率　　　　　　　　　　放大分辨率的图像

图3-3

二是不损失图像的方法。执行菜单"图像 | 图像大小"命令，弹出"图像大小"对话框，将"重定图像像素"选项取消勾选，将72像素/英寸改为300像素/英寸，这时可以发现图像的尺寸缩小了，但文档信息没有改变，这种方法是通过牺牲文件的打印尺寸来实现的，如图3-4所示。

2. 显示器分辨率

显示器分辨率是指在显示器中每单位长度显示的像素或点数，通常以"点/英寸"（drop per

inch，缩写dpi）来衡量。显示器的分辨率依赖于显示器尺寸与像素的设置，PC计算机显示器的分辨率通常为72dpi，Mac OS显示器的分辨率通常为96dpi。

原图　　　　　　　　　　　　　更改分辨率　　　　　　　　　　放大分辨率的图像

图3-4

3. 打印机分辨率

与显示器分辨率类似，打印机分辨率也以"点/英寸"来衡量。如果打印机分辨率为300dpi~600dpi，则图像的分辨率最好为72ppi~150ppi之间。如果打印机分辨率为1200dpi或者更高，则图像的分辨率最好为200ppi~300ppi。

一般情况下，如果图像仅用于显示，可将其分辨率设置为72ppi或96ppi（与显示器分辨率相同）；如果图像用于印刷输出，则应将其分辨率设置为300ppi或更高，但要注意，分辨率不是越高越好。

3.4　常用的图像格式

图像文件格式是记录和存储影像信息的格式。对图像进行存储、处理、传播，必须采用一定的图像格式，也就是把图像的像素按照一定的方式进行组织和存储，把图像数据存储成文件就得到图像文件。下面主要针对Photoshop常用到的图像格式进行讲解。

1. PSD格式

PSD格式是Photoshop的专用格式Photoshop Document（PSD）。可包括图层、通道、路径、颜色模式等多种信息，该格式是唯一支持全部颜色模式的图像格式。PSD格式可以将编辑的图像文件中的所有图层和通道的信息记录下来。

但是，PSD格式的图像文件较少为其他软件和工具所支持。所以，在图像制作完成后，通道需要转换为一些比较通用的图像格式，以便于输出到其他软件中继续编辑。

用PSD格式保存图像时，图像没有经过压缩，所以，当图层较多时会占用很大的硬盘空间。图像制作完成后，除了存储为通用格式以外，最好再存储一个PSD的文件备份，直到确认不需要在Photoshop中再次编辑该图像。

2. JPEG格式

JPEG是Joint Photographic Experts Group(联合图像专家组)的缩写，文件后辍名为".jpg"或

".jpeg"，是最常用的图像文件格式。

JPEG是一种有损压缩格式，常被应用于网络中，当图像保存为JPEG时，可以指定图像的质量和压缩级别。在Photoshop中对JPEG格式文件设置了13个压缩级别，以0~12级表示。其中0级的压缩比最高，图像品质最差；12级的压缩比最小，图像的质量最佳。

JPEG格式的文件会损毁数据信息，存在一定程度的失真，因此在制作印刷品的时候最好不要使用这种格式。JPEG格式支持RGB、CMYK和灰度颜色模式，但不支持Alpha通道。它主要用于图像的预览、网页效果图的制作、拍摄的照片等。

3. GIF格式

GIF是英文Graphics Interchange Format（图形交换格式）的缩写。顾名思义，这种格式是用来交换图片的。GIF文件的数据是一种基于LZW算法的连续色调的无损压缩格式。其压缩率一般在50%左右，它不属于任何应用程序。目前几乎所有相关软件都支持它，所以被广泛应用于通信领域和网页文件中，公共领域有大量的软件在使用GIF图像文件。

不过，GIF文件只支持256色以内的图像，不能用于存储真彩色的图像格式，GIF采用无损压缩存储，在不影响质量的情况下，可以生成很小的文件；它支持透明色，可以使图像浮现在背景上。当选用该格式保存文件时，会自动转换成索引颜色模式。

另外，GIF文件中可以存放多幅彩色图像，如果把存于一个文件中的多幅图像数据逐幅读出并显示到屏幕上，就可构成一种最简单的动画，在网页中常见的小动画大多就是这种GIF格式的，也叫逐帧动画。

4. PNG格式

PNG(Portable Networf Graphics)的原名称为"可移植性网络图像"，是网上接受的最新图像文件格式。

PNG是目前保证最不失真的格式，它吸取了GIF和JPG二者的优点：存贮形式丰富，兼有GIF和JPG的色彩模式；能把图像文件压缩到极限以利于网络传输，但又能保留所有与图像品质有关的信息，因为PNG是采用无损压缩方式来减少文件的大小，这一点与牺牲图像品质以换取高压缩率的JPG有所不同；显示速度快，只需下载1/64的图像信息就可以显示出低分辨率的预览图像；支持Alpha 通道透明度。透明图像在制作网页图像的时候很有用，可以把图像背景设为透明，用网页本身的颜色信息来代替设为透明的色彩，这样可让图像和网页背景很自然地融合在一起。

PNG的缺点是不支持动画应用效果，文件较大，不利于网页浏览，所以在网页中不会看到使用大面积的PNG图片。而是在一些按钮和小装饰的地方使用PNG图片。

5. TIFF格式

TIFF (TaglmageFileFormat)文件格式是一种应用非常广泛的位图图像格式，几乎被所有绘画、图像编辑和页面排版应用程序所支持。TIFF格式常常用于在应用程序之间的计算机的平台之间交换文件，它支持带Alpha通道的CMYK、RGB和灰度文件，不带Alpha通道的Lab、索引色和位图文件，也支持LZW压缩文件。常被应用于印刷与输出文件中。

6. BMP格式

BMP是英文Bitmap（位图）的简写，它是Windows操作系统中的标准图像文件格式，BMP格式支持RGB、索引色、灰度和位图色彩模式，但不支持Alpha通道。彩色图像存储为BMP格式时，每一个像素所占的位数可以是1位、4位、8位和32位，相对应的颜色数也从黑色一直到真彩色。对于使用Window格式的4位和8位图像，可以制定采用RLE压缩。这种格式在PC计算机上应用非常普遍。

　　这种格式的特点是包含的图像信息较丰富，几乎不进行压缩，但由此导致了它与生俱来的缺点——占用磁盘空间过大。

3.5　图像的打开与存储

　　Photoshop中打开图像和存储图像是文件操作的基础，无论是打开现有的图像进行处理还是打开素材图像，都要通过Photoshop来打开；同样，处理完文件或者关闭文件时，会出现图像存储的对话框，提示对文件进行存储。

1. 打开图像文件

素材文件	素材\第3章\卡通.jpg	难度系数	★
视频文件	视频文件\第3章\打开文件.avi		

打开图像文件的具体方法有以下3种。

● 执行菜单"文件 | 打开"命令，打开"打开"对话框，选择所需文件，单击"打开"按钮即可，如图3-5所示。

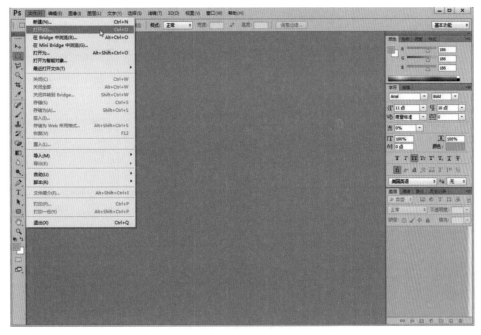

图3-5

● 在图像编辑区空白处双击鼠标左键，即可打开"打开"对话框，选择所需文件，单击"打开"按钮即可，如图3-6所示。

● 按Ctrl+O组合键，也可以打开"打开"对话框，然后选择所需文件。

图3-6

2. 存储图像文件

存储对当前文件所做的更改，按照当前格式用不同的名称、位置或格式存储文件。执行菜单"文件｜存储"命令或者按Ctrl+S组合键，如图3-7所示。

图3-7

3. 存储为图像文件

素材文件	素材\第3章\卡通.jpg	难度系数	★
视频文件	视频文件\第3章\存储文件.avi		

存储当前文件的新版本，将图像存储在另一个位置或使用另一文件名存储。"存储为"命令允许用户用不同的格式和不同的选项存储图像。具体的操作步骤如下：

01 执行菜单"文件｜存储为"命令或者按 Shift+Ctrl+S组合键，打开"存储为"对话框，如图3-8所示。

02 指定文件名和位置，从"格式"菜单中选取格式，单击"保存"按钮即可完成保存图像。

图3-8

提 示

如果选择的格式不支持文档的所有功能，则会在对话框底部显示一个警告。如果看到了此警告，最好以Photoshop格式或以支持所有图像数据的另一种格式存储文件的副本。

文件存储选项如图3-9所示。

- 作为副本：存储文件拷贝，同时使当前文件在桌面上保持打开。
- 注释：将注释与图像一起存储。
- Alpha 通道：将 Alpha 通道信息与图像一起存储。禁用该选项可将 Alpha 通道从存储的图像中删除。
- 专色：将专色通道信息与图像一起存储。如果禁用该选项，则会从存储的图像中移去专色。
- 使用校样设置/ICC配置文件：创建色彩受管理的文档。
- 图层：保留图像中的所有图层。如果此选项被停用或者不可用，则会拼合或合并所有可见图层（具体取决于所选格式）。
- 缩览图：存储文件的缩览图数据。
- 使用小写扩展名：使文件扩展名为小写。

图3-9

4. 存储为Web所用格式

存储针对Web和设备优化的图像，可执行菜单"文件｜存储为Web所用格式…"命令或者按Alt+Shift+Ctrl+S组合键，打开"存储为Web所用格式"对话框，设置完成后单击"存储"按钮即可，如图3-10所示。

图3-10

3.6 查看图像的技巧

Photoshop提供了缩放工具🔍、抓手工具✋和"导航器"面板等多种查看工具，可以方便用户按照不同的放大或缩小倍数查看图像，并可以利用抓手工具✋查看图像中的不同区域。

素材文件	素材\第3章\人物.jpg	难度系数	★
视频文件	视频文件\第3章\查看图像.avi		

1. 放大图像

放大图像的具体操作步骤如下：

01 选择工具箱中的缩放工具🔍。

02 在选项栏中确认选择"放大"按钮🔍。

03 在图像中单击鼠标左键，即可以鼠标单击点为中心进行放大，如图3-11所示。

图3-11

2. 缩小图像

缩小图像的具体操作步骤如下：

01 选择工具箱中的缩放工具🔍。

02 在选项栏中确认选择"缩小"按钮🔍。

03 在图像中单击鼠标左键，即可以鼠标单击点为中心进行缩小，如图3-12所示。

图3-12

📅 **提 示**

按Ctrl+"+"组合键，可以将图像按百分比逐次放大；按Ctrl+"-"组合键，可以将图像按百分比逐次放大。

在使用放大功能时，按住Alt键可以临时切换为缩小功能；按住空格键，可以临时切换为抓手工具✋。

在图像中按住鼠标左键向左上方拖动，可以缩小图像；按住鼠标左键向右下方拖动，可以放大图像。

3. 使用抓手工具

使用抓手工具的具体操作步骤如下:

01 选择工具箱中的抓手工具。

02 在图像中按住鼠标左键拖动,可以调整查看位置。

4. 使用"导航器"面板

使用"导航器"面板的具体操作步骤如下:

01 执行菜单"窗口 | 导航器"命令,打开"导航器"面板。

02 在"导航器"面板中拖动红色的代理预览区,可以快速调整图像查看位置,如图3-13所示。

图3-13

📅 **提 示**

抓手工具和"导航器"面板只在文档窗口出现滑块,也就是放大时才可以使用。

⭐ 3.7　图像的变换操作

素材文件	素材\第3章\卡通.psd	难度系数	★
视频文件	视频文件\第3章\图像的变换操作.avi		

在编辑和处理图像的时候,通常需要调整图像的大小、角度或者对图像进行斜切、透视、扭曲、翻转和变形等处理。此时就可以使用Photoshop中提供的变换图像的多种方法来解决。

执行菜单"编辑 | 变换"子菜单中的"缩放"、"旋转"、"斜切"、"扭曲"、"透视"和"变形"等命令,也可以按Ctrl+T组合键,再单击鼠标右键,显示"变换"子菜单中的相关内容,在所选图像的周围将出现变换控制框,通过对控制框的不同操作,完成图像的不同变换效果。具体的操作步骤如下:

01 按Ctrl+O组合键,打开随书配套光盘中的"卡通.psd"素材文件,并双击工具箱中的抓手工具,将图像以适合屏幕的形式显示,如图3-14所示。

图3-14

02 应用自由变换：打开"图层"面板，选择"人物"图层，执行菜单"编辑 | 自由变换"命令，也可以按Ctrl+T组合键，如图3-15所示。

图3-15

03 任意缩放：将鼠标光标放置在变换控制框4个角任意一个控制点上，光标会变成" "或" "形状，按住鼠标向图像内部拖动可以任意缩小图像；向图像外部拖动可以任意放大图像，同时Photoshop会显示相应的宽和高，如图3-16所示。

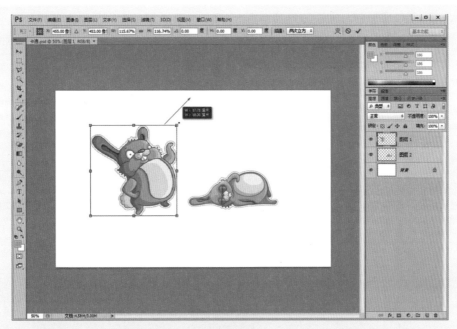

图3-16

04 等比例缩放：将鼠标光标放置在变换控制框4个角任意一个控制点上，光标会变成"↖↘"或"↗"形状，按Shift+Alt组合键的同时按住鼠标向图像内部拖动，可以以中心点为基础等比例缩小图像；向图像外部拖动可以以中心点为基础等比例放大图像，同时Photoshop会显示相应的宽和高，如图3-17所示。

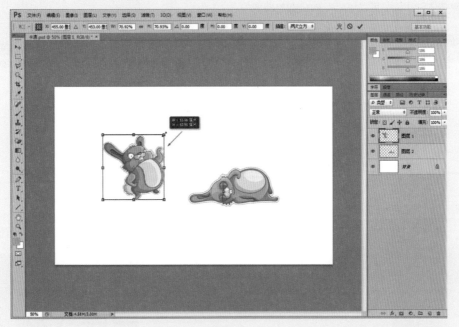

图3-17

📅 **提 示**

如果按住Shift键向图像内部或外部拖动鼠标，则可以等比缩放图像。

05 旋转图像：将鼠标放置在变换控制框4个角的外侧，鼠标光标显示为" ↻ "、" ↺ "、" ↙ "或" ↘ "形状，按住鼠标并拖动即可旋转图像，同时Photoshop会显示相应的旋转角度，如图3-18所示。

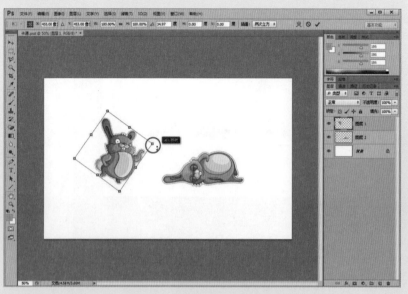

图3-18

📅 提 示

如果按住Shift键，可以以15°的倍数旋转图像。

06 斜切图像：执行菜单"编辑 | 变换 | 斜切"命令，可以将光标放置在任意一个变换控制框的上、下、左、右的中间控制点上，按住鼠标拖动即可斜切图像，同时Photoshop会显示相应的斜切角度，如图3-19所示。

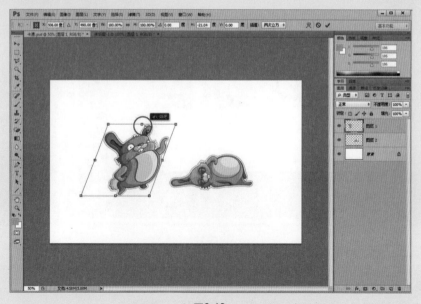

图3-19

07 扭曲图像：执行菜单"编辑｜变换｜扭曲"命令，可以将光标放置在变换控制框任意一个控制点上，按住鼠标拖动即可扭曲图像，同时Photoshop会显示相应的扭曲角度，如图3-20所示。

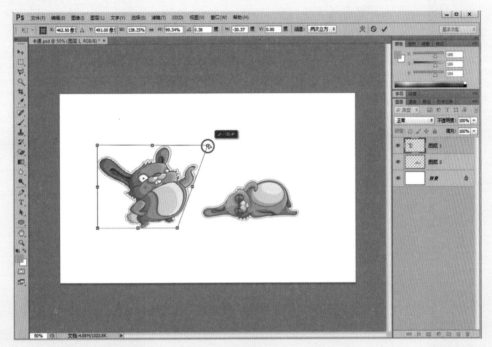

图3-20

08 透视图像：执行菜单"编辑｜变换｜透视"命令，将光标放置在变换控制框的任意一个控制点上，按住鼠标拖动即可对图像透视，同时Photoshop会显示相应的透视角度，如图3-21所示。

09 变形图像：执行菜单"编辑｜变换｜变形"命令，通过鼠标拖动变形控制点，对图像进行变形操作，如图3-22所示。

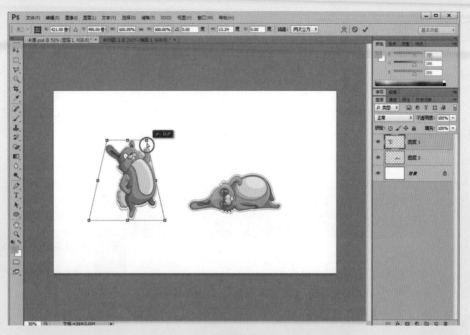

图3-21

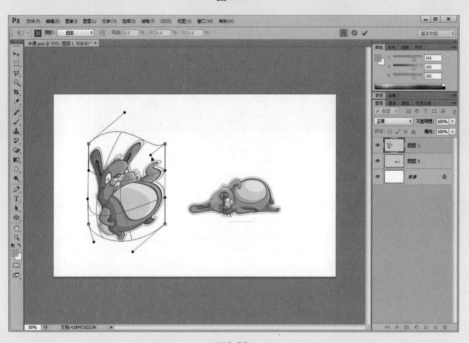

图3-22

📅 **提 示**

在选项栏的"变形"下拉菜单中还可以选择预置的变形样式，如图3-23所示。

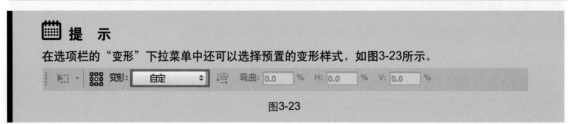

图3-23

3.8　调整图像大小

素材文件	素材\第3章\风景.jpg	难度系数	★
视频文件	视频文件\第3章\调整图像大小.avi		

　　在使用数码相机拍摄商品或者人物照片时，照片的大小可以在数码相机上设置，不过往往数码相机拍摄的照片至少要几百万像素，如果把这些图片直接上传到网上，不但需要有大量的空间，而且打开图片的速度也会很慢，所以需要将这些图片缩小一下，方便上传。具体的操作步骤如下：

01 按Ctrl+O组合键，打开随书配套光盘中的"风景.jpg"素材文件，如图3-24所示。

图3-24

02 执行菜单"图像 | 图像大小"命令，打开"图像大小"对话框（快捷键为Alt+Ctrl+I），这时可以看到图片的像素大小和文档大小的参数信息，如图3-25所示。

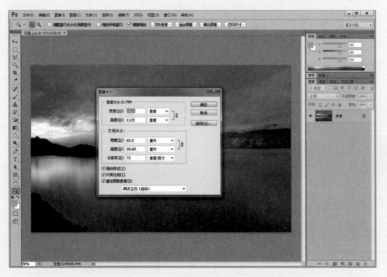

图3-25

03 在对话框中勾选"缩放样式"、"约束比例"和"重定图像像素"复选框，在"像素大小"选项组中设置宽度为500像素，高度值会自动按比例做出相应变化，如图3-26所示。

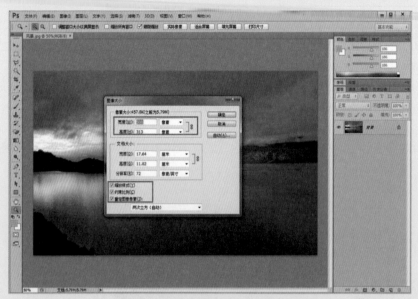

图3-26

04 单击"确定"按钮，完成照片大小的修改，如图3-27所示。

图3-27

 ## 3.9　如何置入图像

素材文件	素材\第3章\蓝天.jpg、热气球.png	难度系数	★
视频文件	视频文件\第3章\置入图像.avi		

　　置入图像在Photoshop中应用非常多，可以将照片、图片或任何Photoshop支持的文件作为智能对象添加到文档中。然后可以对智能对象进行缩放、定位、斜切、旋转或变形操作，而不会降低图像的质量。具体的操作步骤如下：

01 按Ctrl+O组合键，打开随书配套光盘中的"蓝天.jpg"素材文件，如图3-28所示。

图3-28

02 执行菜单"文件 | 置入"命令，打开"置入"对话框，在该对话框中选择随书配套光盘中的"热气球.png"文件，单击"置入"按钮，置入图片，如图3-29所示。

图3-29

03 单击"置入"按钮后，置入的图片会有变换控制框，可以适当调整一下置入图片的大小，然后按回车键即可，效果如图3-30所示。

图3-30

04 置入的图片默认情况下是智能对象，它有很多限制，菜单中大部分的命令都不可用，此时需要将智能对象转换成普通图层。在"热气球"图层上单击鼠标右键，在弹出的下拉菜单中选择"栅格化图层"命令，也可以执行菜单"图层 | 栅格化 | 智能对象"命令都可以将智能对象转换成普通图层，如图3-31所示。

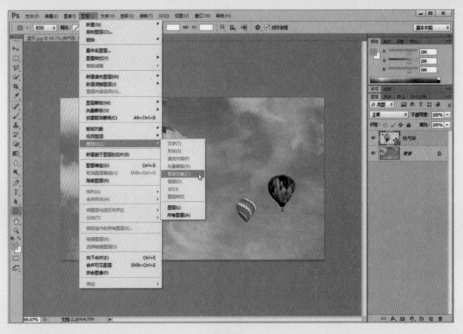

图3-31

提 示

也可以利用移动工具来置入图像。可以同时打开多个文件，然后选择移动工具，直接把需要的图像拖拽到另一个图像中即可。

3.10 对图像的恢复操作

素材文件	素材\第3章\梦幻风景.jpg	难度系数	★
视频文件	视频文件\第3章\对图像的恢复操作.avi		

在处理图像或者设计过程中，难免会出现这样或那样的错误，这时就需要撤销或者还原来恢复图像或者重做图像。具体的操作步骤如下:

01 按Ctrl+O组合键，打开随书配套光盘中的“梦幻风景.jpg”素材文件，如图3-32所示。

图3-32

02 单击“图层”面板底部的“创建新图层”按钮，新建“图层1”图层，在工具箱中选择画笔工具，在“图层1”图层的图像中进行涂抹，效果如图3-33所示。

03 接下来撤销刚才的画笔操作，对图像进行恢复，其操作方法如下:

- 执行菜单“编辑|还原画笔工具”命令或者按Ctrl+Z组合键还原，这种方法只能还原一次操作，并在还原与重做之间切换，如图3-34所示。

图3-33

图3-34

- 连续执行菜单"编辑 | 后退一步"命令或者连续按Ctrl+Alt+Z组合键，可以连续撤销刚才的操作，如图3-35所示。

- 执行菜单"窗口 | 历史记录"命令，打开"历史记录"面板，在该面板中可以看到最近的操作步骤，只需在某个步骤位置单击，即可快速还原或重做到该步骤，如图3-36所示。

图3-35

图3-36

Chapter 04

第4章
使用基本选区
工具抠图

在Photoshop中处理图像，选区是最基础的操作方法，也是必须要掌握的基本概念。那么选区是什么呢？选区就是在图像上需要调整的特定选择区域，用来限制操作范围，选区都是以蚂蚁线的形态存在的。本章讲解Photoshop CS6工具箱中选框工具、套索工具、魔棒工具在抠图中的应用。

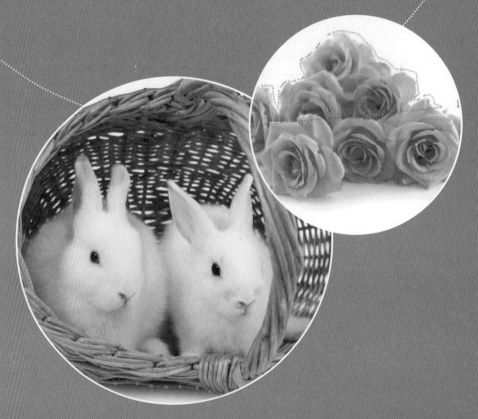

4.1　矩形选框工具抠图

矩形选框工具是最基本的选择工具，在Photoshop第一个版本中就有了，适合选择边缘规则的几何图像，在实际抠图过程中，因选择形状的局限性，相对来说应用较少。

1. 矩形选框工具使用方法

矩形选框工具▣主要通过单击并拖拽鼠标来创建矩形和正方形选区，适合选择画框、窗户、广告牌、门、方桌等。下面来介绍几种创建矩形选区的方法：

（1）选择工具箱中的矩形选框工具▣，单击并拖拽鼠标创建矩形选区，选区的宽度和高度可随实际图像进行调整，如图4-1所示。

（2）选择工具箱中的矩形选框工具▣，按住Shift键拖动鼠标，可以创建正方形选区，仅限于第一次创建，如图4-2所示。

图4-1　　　　　　　　　　　　　　　　　图4-2

（3）选择工具箱中的矩形选框工具▣，按住Alt键拖动鼠标，可以创建以鼠标单击点为中心的矩形选区，如图4-3所示。

（4）选择工具箱中的矩形选框工具▣，按住Shift+Alt组合键拖动鼠标，可以创建以鼠标单击点为中心的正方形选区，如图4-4所示。

图4-3　　　　　　　　　　　　　　　　　图4-4

（5）创建固定比例/固定大小选区。选择工具箱中的矩形选框工具⬚，在选项栏的"样式"下拉列表中有3种样式，分别是"正常、固定比例、固定大小"，如图4-5所示。

图4-5

- 正常：矩形选框工具默认的样式，可以直接通过鼠标创建选区。
- 固定比例：根据所设置的宽度和高度之间的比例，创建选区。例如，要绘制一个宽度是高度两倍的选区，那么在宽度和高度的文本框中分别输入2和1，这样的话，无论选区怎么变化，宽度始终是高度的两倍，如图4-6所示。
- 固定大小：根据输入宽度和高度的具体数值，在图像中用鼠标单击来创建固定大小的选区，输入数值时可以根据需要设置不同单位，默认单位是像素（px），也可以输入厘米（cm）、毫米（mm）、英寸（in）、点（pt）等。例如，绘制一个宽度为60毫米、高度为50毫米的矩形选区，如图4-7所示。

图4-6   图4-7

2. 使用矩形选框工具抠取画框

素材文件	素材\第4章\家居.jpg	难度系数	★
视频文件	视频文件\第4章\用矩形选框工具抠取画框.avi		
技术难点	● 选择画框调整选区形状。		

矩形选框工具可以绘制出任意大小和方向的矩形或正方形选区，在选区中比较常用。下面通过简单的例子来看一下矩形选框工具的使用。

01 按Ctrl+O组合键，打开随书配套光盘中的"家居.jpg"素材文件，如图4-8所示。

图4-8

02 使用工具箱中的矩形选框工具 选择画框，如图4-9所示。

图4-9

03 执行菜单"选择 | 变换选区"命令，按住Ctrl键的同时可以调整各个锚点的位置，如图4-10所示。

图4-10

04 按Enter键确定选区，然后按Ctrl+J组合键复制选区，画框抠取完成，如图4-11所示。

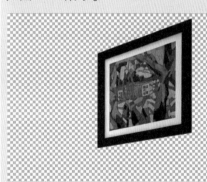

图4-11

 ## 4.2 椭圆形选框工具抠图

椭圆形选框工具 能够创建椭圆形和圆形选区，可以用来选取圆形的球类物体、时钟、飞盘、车轮等。

1. 椭圆形选框工具的使用方法

椭圆形选框工具 与矩形选框工具 的使用方法几乎相同。绘制时，单击并拖拽鼠标可以得到任意大小的椭圆形，如图4-12所示；按住Shift键拖动鼠标，可以创建圆形选区，如图4-13所示；按住Alt键拖动鼠标，可以创建以鼠标单击点为中心的椭圆形选区，如图4-14所示；按住Shift+Alt组

合键拖动鼠标，可以创建以鼠标单击点为中心的圆形选区，如图4-15所示。

图4-12　　　　　　　　　　　　　图4-13

图4-14　　　　　　　　　　　　　图4-15

　　椭圆形选框工具 ⬭ 与矩形选框工具 ⬚ 创建固定比例/固定大小选区的方法以及"样式"完全相同，如图4-16所示。

图4-16

　　选择"固定比例"选项，创建一个宽度为4，高度为3的椭圆形选区，效果如图4-17所示。选择"固定大小"选项，创建一个宽度为12厘米，高度为15厘米的椭圆形选区，效果如图4-18所示。

图4-17　　　　　　　　　　　　　图4-18

📅 **提 示**

● 在使用矩形选框工具 ▢ 或者椭圆形选框工具 ◯ 创建选区时，鼠标拖拽的同时按住空格键，可以移动选区在图像上的位置，注意一定是在鼠标没有松开之前执行此操作才会有效；如果鼠标松开后再按空格键就会切换为抓手工具 ✋ ，这时候只能移动整幅画面，不能移动选区。

● 在使用矩形选框工具 ▢ 或者椭圆形选框工具 ◯ 创建完选区后，按住Ctrl键则临时切换为移动工具 ▶✛ ，可以移动选取的图像。

2. 使用椭圆形选框工具抠取按钮

素材文件	素材**第4章**\\按钮.jpg	难度系数	★
视频文件	视频文件**第4章**\\用椭圆形选框工具抠取按钮.avi		
技术难点	● 选区位置的定位。		

椭圆形选框工具比较适合选择椭圆形和圆形的图像，在选择的时候要注意选区位置的定位，才能将图像准确的抠选出来。

01 按Ctrl+O组合键，打开随书配套光盘中的"按钮.jpg"素材文件，如图4-19所示。

图4-19

02 按Ctrl+R组合键打开标尺，在按钮的顶部和左侧拖出参考线，如图4-20所示。

图4-20

03 以参考线相交的点为起点绘制椭圆形，注意选区要贴合按钮的边缘绘制，如图4-21所示。

图4-21

04 按Ctrl+J组合键复制选区，按钮抠取完成，如图4-22所示。

图4-22

4.3 单行\单列选框工具

单行选框工具 ▬ 和单列选框工具 ▮ 在抠图选择对象时很少用到，它们只能创建行高为1像素或者列宽为1像素的选区。使用这两个工具时，只需在画面中单击鼠标就可以创建选区。单行选区如图4-23所示；单列选区如图4-24所示。

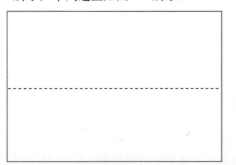
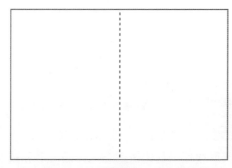

图4-23   图4-24

> 📅 提 示
> ● 在使用单行选框工具 ▬ 和单列选框工具 ▮ 创建选区时，鼠标单击的同时拖动鼠标可以移动选区。
> ● 在使用单行选框工具 ▬ 和单列选框工具 ▮ 时，按住Shift键可以创建多个单行和单列选区。
> ● 单行选框工具 ▬ 和单列选框工具 ▮ 适合在网页中对背景切片时使用。

4.4 套索工具抠图

套索工具可以随意手绘出任意形状的选区，常用于不规则形状的抠取。在本节中主要讲解"套索工具"、"多边形套索工具"和"磁性套索工具"。

1. 套索工具的使用方法

套索工具 ρ 可以选取任意形状的图像，只需要单击并按住鼠标拖动就可以创建选区。在创建选区时应该注意以下几点：

● 用套索工具 ρ 绘制选区时，由起点开始按住并拖动鼠标，再回到起点处就可以得到一个封闭选区。如图4-25所示是选取中的状态；如图4-26所示是创建的选区。

图4-25   图4-26

● 套索工具 ρ 如果没有在起点处就释放鼠标，那么在图像中就会有一条直线来封闭选区。如图4-27所示是选取一部分图像的状态；如图4-28所示是自动用直线连接的选区。

| 图4-27 | 图4-28 |

- 套索工具 ☑在使用上比较自由，也比较随意，在选取对象的时候可以通过工具选项栏中的 ☑ · ☑☑☑☑ 按钮调整选区的选取方式。

单击"新选区"按钮，根据需要拖动鼠标随意绘制选区，如图4-29所示。

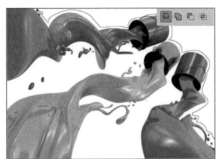

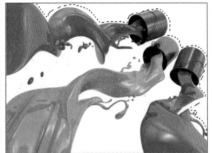

图4-29

单击"添加到选区"按钮，可以拖动鼠标添加多个选区，如图4-30所示。

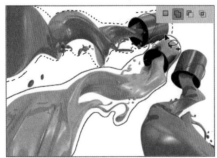

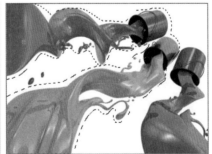

图4-30

单击"从选区减去"按钮，可以在原选区中减去多余的部分，如图4-31所示。

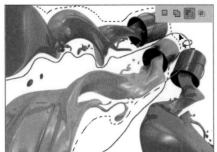

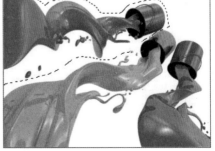

图4-31

单击"与选区交叉"按钮，在原选区与新选区交叉部分创建的选区，如图4-32所示。

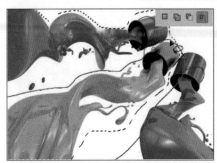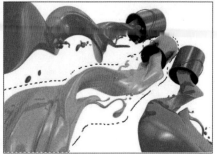

图4-32

- 在使用套索工具 ♀ 时，如果对图像的边缘没有严格要求，可以对选区羽化，使边缘更加柔和自然，输入的"羽化"值越大，绘制的选区就越柔和，如图4-33所示。

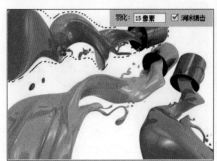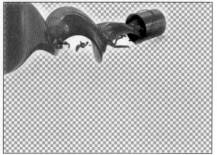

图4-33

2. 使用套索工具更改颜色

素材文件	素材\第4章\金鱼.jpg	难度系数	★
视频文件	视频文件\第4章\套索工具更改颜色.avi		
技术难点	● 选择画面中的一部分变换颜色。		

使用套索工具来绘制选区，随意性比较强，可以绘制任意不规则的选区。在本实例中就是运用套索工具的这一特点，绘制选取画面中的一部分，然后再进行更改颜色的操作。

01 按Ctrl+O组合键，打开随书配套光盘中的"金鱼.jpg"素材文件，如图4-34所示。

02 使用工具箱中的套索工具 ♀ 勾选金鱼大致的轮廓，如图4-35所示。

图4-34

图4-35

03按Ctrl+U组合键，打开"色相/饱和度"对话框，在该对话框中调整"色相"值为+180、"饱和度"值为-10、"明度"值为+10，如图4-36所示。

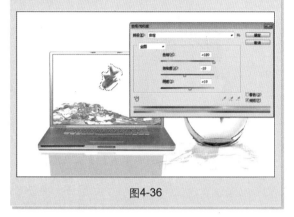

图4-36

04按Ctrl+D组合键，取消选区，完成最终效果如图4-37所示。

图4-37

4.5　多边形套索工具

多边形套索工具比较适合绘制由直线构成的多边形选区，使用该工具只需鼠标在各个转角处单击。在这里要注意的是，多边形套索工具不会像套索工具那样可以释放鼠标后自动封闭选区。如果想封闭选区，将鼠标移至起点处单击出现图标，即可封闭选区，如图4-38所示。

图4-38

1. 多边形套索工具的使用技巧

在使用多边形套索工具时，如果绘制的直线不准确，要撤销上一次的绘制可以按Delete键依次向前删除；如果要取消整个绘制选区过程可以一直按住Delete键，直到整个绘制过程消失，也可以按ESC键，如图4-39所示。

图4-39

如果要绘制水平、垂直或45°角倍数的选区可以按Shift键进行绘制，如图4-40所示。

如果要将选区在当前鼠标位置封闭可以双击鼠标或者按Enter键，也可以按住Ctrl键，当鼠标变成形状时单击左键即可形成一个封闭选区，如图4-41所示。

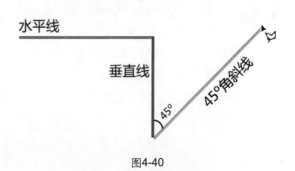

图4-40

图4-41

绘制选区时，按住Alt键，单击并拖动鼠标可以临时切换为套索工具，释放Alt键，在其他区域单击即可恢复多边形套索工具，如图4-42所示。

图4-42

绘制选区过程中，按住空格键，可以切换为抓手工具将视图平移，释放空格键则可以继续绘制，如图4-43所示。

图4-43

2. 使用多边形套索工具选取高楼大厦

素材文件	素材\第4章\建筑.jpg	难度系数	★
视频文件	视频文件\第4章\多边形套索工具选取高楼大厦.avi		
技术难点	● 在转角的地方增加锚点，注意细节的绘制。		

多边形套索工具是非常灵活的选区工具，它比较适合绘制边缘规则的几何图形选区。在本实例中需要注意的地方是在高楼的转角部分要增加一些描点来绘制，贴合高楼的边缘部分。

01 按Ctrl+O组合键，打开随书配套光盘中的"建筑.jpg"素材文件，如图4-44所示。

图4-44

图4-45

图4-46

02 使用工具箱中的多边形套索工具 绘制大厦边缘，如图4-45所示。

03 按Ctrl+J组合键，复制选区，完成最终抠图。在"图层"面板中隐藏背景图层，效果如图4-46所示。

4.6 磁性套索工具

磁性套索工具 能够自动检测和跟踪图像的边缘，可以快速选择边缘复杂与背景反差较大的选区。使用该工具绘制选区时，只需在图像的边缘单击鼠标，然后释放鼠标，沿着要追踪的边缘移动鼠标指针即可，Photoshop会自动让选区与对象的边缘对齐，如图4-47所示。

选区绘制完成后，鼠标回到起始位置的锚点上，光标变为 图标，单击即可封闭选区；如果要在当前鼠标位置封闭选区，可以双击鼠标或者按Enter键，也可以按住Ctrl键，光标变为 时释放鼠标，就会在起点与终点之间绘制一条直线来封闭选区；如果要撤销上一次的绘制锚点可以按Delete键；如果要取消整个绘制过程可以按Esc键，或者一直按住Delete键；如果要临时切换为多边形套索工具 来继续绘制选区，则在绘制时按住Alt键再单击鼠标；如果要临时切换为套索工具 来继续绘制选区，则在绘制时按住Alt键；如果按空格键，可以转换为抓手工具 平移视图，释放空格键后继续绘制。

图4-47

1. 磁性套索工具的属性设置

选择磁性套索工具后，选项栏中会显示该工具的相关属性，其中有3个重要的设置，即"宽度"、"对比度"和"频率"，如图4-48所示。

羽化: 0 像素　✓ 消除锯齿　宽度: 10 像素　对比度: 10%　频率: 57

图4-48

● 宽度: 是指磁性套索工具 的检测宽度，以像素（px）为单位，范围从1px到256px。这个数值决定了以鼠标指针为基准，周围有多少像素能被工具检测到。输入"宽度"值后，磁性套索工具只检测从指针开始制定距离以内的图像边缘。设定的宽度值越大，检测到的速度越快，适合边缘清晰的图像；宽度值越小，对边界的识别率越高，适合边缘不是特别清晰的图像。

如图4-49所示是在"宽度"为3px时绘制的选区以及抠出的图像；如图4-50所示是在"宽度"为30px时绘制的选区以及抠出的图像。从这两幅图像中可以看出，鼠标经过路线虽然相同，但随着"宽度"值的增加，工具的检测范围也在相应扩大，使得图4-50所示的选区不够准确。

使用磁性套索工具时，默认状态下光标显示为 ，如图4-51所示。按Caps Lock键光标切换为 形状，如图4-52所示。此时圆形的范围就是工具检测到的宽度，比较适合在宽度较小的状态下绘制选区。

图4-49

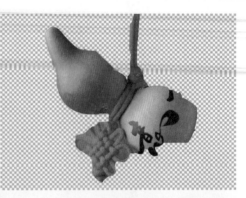

图4-50

图4-51 图4-52

📅 **提 示**

在使用磁性套索工具 🔾 创建选区时，按右方括号键"]"可将边缘宽度增大1px；按左方括号键"["可将边缘宽度减小1px；按Shift+"]"组合键可将检测宽度设置为最大值，即256px；按Shift+"["组合键可将检测宽度设置为最小值，即1px。

- 对比度：用来指定套索工具对图像边缘的灵敏度。也可以理解成对象与背景之间的对比度，范围为1%~100%。较高的数值能够检测到与背景对比强烈的边缘；较低的数值则可以检测对比不是很鲜明的边缘。

在选择边缘比较清晰的图像时，可以使用更大的"宽度"和更高的"对比度"，然后大致跟踪边缘即可，如图4-53所示是对比度为1%时绘制的选区；在边缘比较柔和的图像上，则使用较小的宽度和较低的对比度，以便更加精确的跟踪边缘，如图4-54所示是对比度为100%时绘制的选区。

- 频率：用来指定磁性套索工具以什么样的频率设置锚点，它的设置范围为0~100。设置的数值越高，表示锚点的数量越多，速度越快。如图4-55所示是"频率"值为10时绘制的选区；如图4-56所示是"频率"值为100时绘制的选区。

📅 **提 示**

如果在图像上已经存在一个选区，则在使用套索工具 🔾、多边形套索工具 🔾 和磁性套索工具 🔾 绘制选区时，如果按住Shift键，则新绘制的选区与原选区相加；如果按住Alt键，则可以从原选区中减去新绘制的选区；如果按住Shift+Alt组合键，则可以使新绘制的选区与原选区进行交叉选择。

图4-53

图4-54

图4-55

图4-56

2. 使用磁性套索工具抠取篮筐

素材文件	素材\第4章\篮筐.jpg	难度系数	★
视频文件	视频文件\第4章\磁性套索工具抠取篮筐.avi		
技术难点	● 设置磁性套索的对比度和频率来选择图像。		

　　在背景颜色与要抠取的图像对比较大的时候，比较适合使用磁性套索工具，它可以自动吸附到图像的边缘进行绘制，在使用的时候要设置相应的对比度和频率等参数。

01 按Ctrl+O组合键，打开随书配套光盘中的"篮筐.jpg"文件，如图4-57所示。

图4-57

02 使用工具箱中的磁性套索工具绘制选区，然后在工具选项栏中设置"宽度"为5像素、"对比度"为80%、"频率"为50，如图4-58所示。

图4-58

03 按Ctrl+J组合键复制选区，完成最终抠图。在"图层"面板中隐藏背景图层，效果如图4-59所示。

图4-59

4.7　魔棒工具抠图

魔棒工具适合选择颜色相同或者相似的区域，它的使用方法非常简单，只需在图像中单击鼠标，Photoshop就会自动选择与单击点色调相似的选区。当背景的颜色变化不大时，用魔棒工具选取对象轮廓就会很清楚。

1. 魔棒工具的选项设置

选择魔棒工具后，选项栏中会显示该工具的相关属性，其中有4个重要的设置，即"容差"、"消除锯齿"、"连续"和"对所有图层取样"，如图4-60所示。

图4-60

● 容差：该选项是魔棒工具的重要选项，它用来确定选定像素的相似点差异，它的范围为0~255。当该值较低时，只能选择与鼠标单击点像素非常相似的少数颜色；当该值较高时，对像素相似程度的要求就越低，相应的选择颜色的范围就越广。如图4-61和图4-62所示，在图像的同一位置单击，由于"容差"值不同，所选择的区域也不一样。

图4-61

图4-62

要想使用魔棒工具 🪄 获得满意的选区，就要进行多次尝试。如果选择的范围较小，可以适当增加"容差"值；选择的范围过大，则可减少"容差"值。

- 消除锯齿：选择魔棒工具 🪄 后，选项栏中的"消除锯齿"选项默认是勾选的，它可以深入到像素级别控制锯齿的产生。如果查看图像的锯齿情况，需要把图像放大，效果如图4-63和图4-64所示。虽然单击同一个位置，选区所选的范围却不同，启用"消除锯齿"功能的选区如图4-63所示的边缘有许多淡绿色的像素，它们使得图像边缘过渡柔和，感觉不到锯齿的存在，而没有启用"消除锯齿"功能的选区如图4-64所示棱角分明，锯齿感明显。

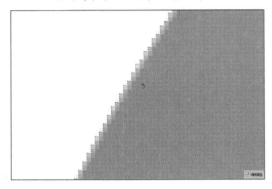

图4-63　　　　　　　　　　　　　　　　图4-64

- 连续：选择魔棒工具 🪄 后，选项栏中的"连续"选项为默认勾选的。如果勾选该选项，表示只选择与鼠标单击点相连接并且颜色相近的像素。如果取消该选项的勾选，则选择整个图像范围内使用相同颜色的所有像素。如图4-65所示，勾选"连续"选项，在左侧背景单击时，只能选择左侧的背景；如图4-66所示，取消"连续"选项后，则可以在整幅图像中选择相近的像素。

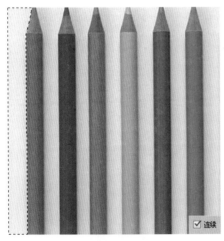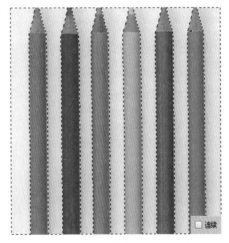

图4-65　　　　　　　　　　　　　　　　图4-66

- 对所有图层取样：该选项在魔棒工具 🪄 中是针对多图层操作的，如果勾选该选项，可选择所有可见图层中符合要求的像素；如果取消勾选该选项，则只选择当前图层中符合要求的像素。

　　在如图4-67所示的"图层"面板中，当前的图层为"图层1"图层。勾选"对所有图层取样"选项后，使用魔棒工具 可以选择"图层1"和"图层2"图层中所有符合要求的像素，如图4-68所示；取消该选项的勾选，在同一位置使用魔棒工具 ，则只能选择"图层1"图层中符合要求的颜色，如图4-69所示。

图4-67

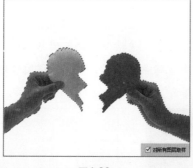
图4-68

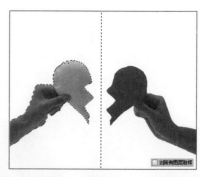
图4-69

提 示

　　如果在图像上已经存在一个选区，则在使用魔棒工具 绘制选区时，如果按住Shift键，则新绘制的选区与原选区相加；如果按住Alt键，则可以从原选区中减去新绘制的选区；如果按住Shift+Alt组合键，则可以使新绘制的选区与原选区进行交叉选择。

2. 使用魔棒工具抠取花盆及植物

素材文件	素材\第4章\花盆及植物.jpg	难度系数	★
视频文件	视频文件\第4章\用魔棒工具抠取花盆及植物.avi		
技术难点	● 选择背景，再通过反选来选中对象。		

　　魔棒工具通过单击图像中的某一点，来选取与这一点颜色相同或相近的所有颜色，并将这些颜色自动融入到一个选区中，为了提高选取的准确性，使用的时候要设置相应参数。

01 按Ctrl+O组合键，打开随书配套光盘中的"花盆及植物.jpg"素材文件，如图4-70所示。

02 选择工具箱中的魔棒工具 ，在工具选项栏中设置"容差"为10，勾选"消除锯齿"选项，然后在图像空白区域单击，如图4-71所示。

图4-70

图4-71

03 把图像放大，这时候会发现花盆有一些细节部分也被选中了，此时就要进行选区的减选。选择工具箱中的多边形套索工具，使用工具选项栏中的"减选选区"选项把多余的选区减去，如图4-72所示。

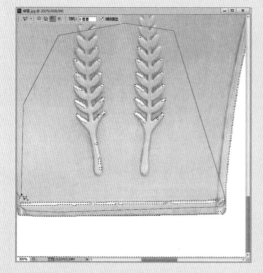

图4-72

图4-73

04 按Ctrl+Shift+I组合键反选选区，选中绿植，如图4-73所示。

05 按Ctrl+J组合键，复制选区，完成最终抠图。在"图层"面板中隐藏背景图层，效果如图4-74所示。

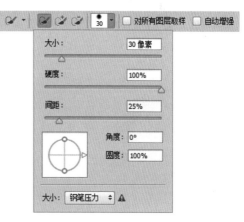

图4-74

4.8　快速选择工具抠图

快速选择工具的使用方法与画笔工具类似，利用可调整的圆形画笔笔尖，快速绘制选区。在鼠标拖动时，选区会向外扩展并自动查找和跟随图像中定义的边缘。

1. 快速选择工具的选项设置

快速选择工具的选项如图4-75所示。

● 选区运算：3个画笔形状的图标都是用于选区运算的，这与套索工具中的图标用途是一样的；按下按钮，可以创建一个新选区；按下按钮，可以在原选区

图4-75

的基础上添加绘制的新选区；按下 ▣ 按钮，可以在原选区的基础上减去当前绘制的新选区。

● 画笔下拉面板：单击右侧的倒三角按钮 ▣·，打开画笔下拉面板。在该下拉面板中可以设置画笔的大小、硬度、间距，选择笔尖的形状和角度。

● 对所有图层取样：该选项与魔棒工具 ▣ 的选项意义相同，是基于所有图层的操作。

● 自动增强：可以自动将选区边缘进行调整，使选区边缘更加平滑。

📅 提 示

快速选择工具 ▣ 是以画笔绘画的方式来创建选区，在绘制选区过程中按住Alt键，可以在添加模式 ▣ 和相减模式 ▣ 之间进行切换。

在使用快速选择工具 ▣ 绘制选区的过程中，按右方括号键"]"可以增大画笔笔尖的大小；按左方括号键"["则可减小画笔笔尖的大小。

2. 使用快速选择工具抠取企鹅

素材文件	素材\第4章\企鹅.jpg		难度系数	★
视频文件	视频文件\第4章\用快速选择工具抠取企鹅.avi			
技术难点	● 选取对象的过程中，注意随时调整选区细节。			

在使用快速选择工具抠取图像的时候，随意性比较强，可以通过调整笔尖的大小来绘制选区。在本实例中要注意选区细节处的调整。

01 按Ctrl+O组合键，打开随书配套光盘中的"企鹅.jpg"素材文件，如图4-76所示。

图4-76

02 选择工具箱中的快速选择工具 ▣，在工具选项栏中选择一个笔尖，如图4-77所示。

03 将鼠标放在企鹅的身上，单击鼠标，然后按住鼠标左键在要选择的对象内部拖动，绘制选区，如图4-78所示。

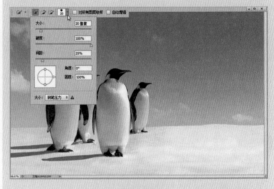

图4-77

图4-78

04 放大图像调整细节，可以随时按"["或"]"键调整笔尖大小，按住Alt键可以减选多余的选区，这些快捷键在使用快速选择工具时比较常用，使用起来也方便很多，如图4-79所示。

图4-79

05 按Ctrl+J组合键，复制选区，完成最终抠图。在"图层"面板中隐藏背景图层，效果如图4-80所示。

图4-80

 ## 4.9　制作具有立体感的地球

素材文件	素材\第4章\案例1_地球.jpg、案例1_背景.jpg	视频文件	视频文件\第4章\具有立体感的地球.avi
源 文 件	源文件\第4章\具有立体感的地球.psd	难度系数	★★
技术难点	● 具备一定的美术基础，注意立体感的展现。 ● 椭圆形选框工具的抠图技巧。		

　　圆形的抠取是比较常见的，我们马上就会想到用椭圆形选框工具抠取就可以，虽说看似简单，但实际操作时还是有一定难度的，比如说如何准确的定位圆才能直接抠取出来，这是本实例要讲解的要点，也是在实际运用椭圆形选框工具时要掌握的技巧。原始图像与处理后的对比效果如图4-81所示。

图4-81

01 启动Photoshop CS6软件，在界面空白区域双击鼠标或者执行菜单"文件 | 打开"命令，选择随书配套光盘中的"案例1_地球.jpg"图像文件，如图4-82所示。

图4-82

02 按Ctrl+R 组合键，显示标尺。分别从标尺上拖出4条参考线与地球的边缘相切，效果如图4-83所示。

图4-83

03 选择工具箱中的椭圆形选框工具，按住Shift键的同时使用鼠标从4条参考线围成的矩形的一角向其对角绘制椭圆形选区，绘制完成后的效果如图4-84所示。

图4-84

04 按Ctrl+C组合键，复制选区。然后打开随书配套光盘中的"案例1_背景.jpg"图像文件。按Ctrl+V组合键，把刚才复制的选区图像粘贴在背景图像上，系统自动将其命名为"图层 1"图层，效果如图4-85所示。

图4-85

📅 提 示

从标尺拖出参考线的时候，按住Alt键可以从水平标尺上拖出垂直的标尺参考线；反之，从垂直标尺上可以拖出水平参考线。

05 按Ctrl+R组合键，显示标尺。拖出与地球四边相切的参考线，并选择工具箱中的椭圆形选框工具 ⬭，在工具选项栏中设置"羽化"值为60像素，按住Shift键的同时使用鼠标从4条参考线围成的矩形的一角向其对角绘制椭圆形选区，效果如图4-86所示。

图4-86

06 按Ctrl+"；"组合键，隐藏标尺。在"图层"面板中的"图层 1"图层的下面新建"图层 2"图层，使用黑色填充选区，效果如图4-87所示。

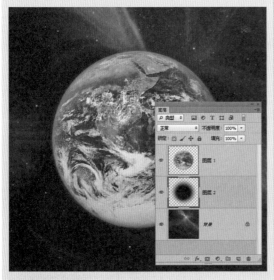

图4-87

07 使用前面相同的方法绘制"羽化"值为40像素的圆形选区，然后在"图层"面板中新建"图层 3"图层，填充颜色为R=102、G=204、B=255的蓝色，效果如图4-88所示。

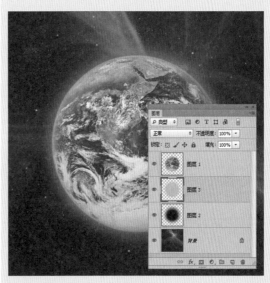

图4-88

08 复制"图层 3"图层，得到"图层 3副本"图层，按Ctrl+T组合键调整图像大小，效果如图4-89所示。

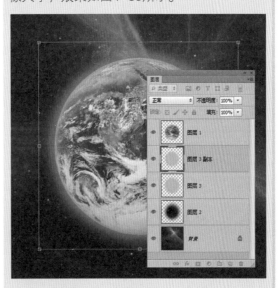

图4-89

09 在"图层"面板中选择"图层 1"图层，然后单击底部的"添加图层样式"按钮 fx.，在弹出的下拉菜单中选择"外发光"命令，如图4-90所示，弹出"图层样式"对话框，设置各选项参数，如图4-91所示。添加外发光样式后的效果如图4-92所示。

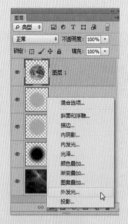

图4-90

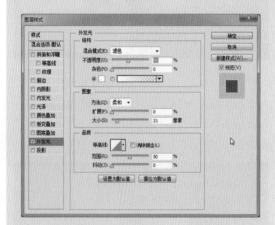

图4-91

图4-92

10 新建"图层 4"图层，按住Ctrl键，单击"图层 1"图层，将该图层载入选区，然后选择工具箱中的渐变工具，设置颜色从黑色到透明，在地球的右侧向斜上方拖动，效果如图4-93所示。

图4-93

11 在"图层"面板的底部单击"添加图层蒙版"按钮，为"图层 4"图层添加图层蒙版，使用渐变工具在蒙版中绘制出黑白渐变，使地球的底部出现反光的感觉，效果如图4-94所示。

图4-94

12 为了使效果更好，下面就来制作光圈效果。新建"图层 5"图层，在地球的左侧下面绘制一个"羽化"值为40像素的圆形选区，并填充白色，效果如图4-95所示。

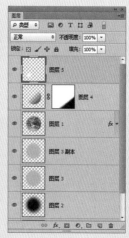

图4-95

13 在"图层 5"图层的下面再新建"图层 6"图层，绘制"羽化"值为40像素的圆形选区。执行菜单"编辑 | 描边"命令，在弹出的"描边"对话框中设置"宽度"为2像素，设置颜色值为R=245、G=85、B=85，如图4-96所示。

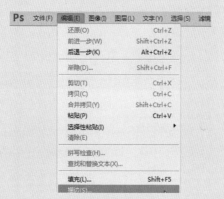

选择"描边"命令

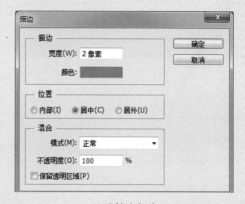

设置描边数值

绘制光圈效果

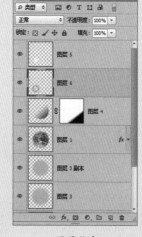

图层状态

图4-96

14 新建"图层7"图层，绘制"羽化"值为20像素的圆形选区，要比之前的小光圈大一些，描边的设置与上一步相同，在"图层"面板中设置该图层的"不透明度"为40%，效果如图4-97所示。

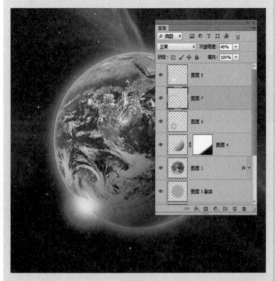

图4-97

15 接下来绘制放射光的效果。新建"图层8"图层，使用工具箱中的多边形套索工具 在白色圆形的中间绘制三角形选区。然后使用工具箱中的渐变工具 绘制颜色从白色到透明的渐变效果，如图4-98所示。

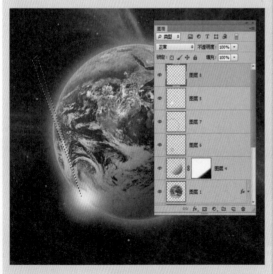

图4-98

16 按住Alt键拖动复制光束，然后按Ctrl+T组合键调整光束的角度，接着到"图层"面板中选择复制的光束图层，按Ctrl+E组合键合并为一个"图层8副本8"图层，设置该图层的"不透明度"为30%，在这里要注意调整的过程中都要以白色的圆形为中心，效果如图4-99所示。

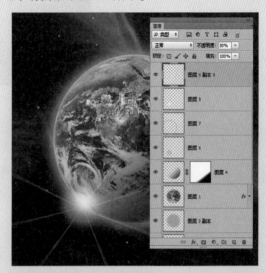

图4-99

17 复制"图层8副本8"图层，按Ctrl+T组合键，调整新复制光束的角度及大小，并设置该图层的"不透明度"为20%，使放射光的效果更佳真实自然，完成最终效果，如图4-100所示。

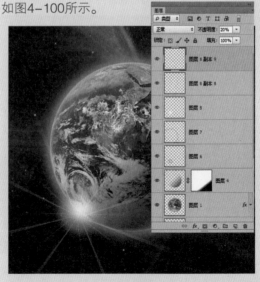

图4-100

4.10　网站促销广告

素材文件	素材\第4章\案例2_产品.jpg、案例2_背景.jpg	视频文件	视频文件\第4章\网站促销广告.avi
源 文 件	源文件\第4章\网站促销广告.psd	难度系数	★★★
技术难点	● 色彩搭配要协调，主题突出。 ● 多边形套索工具的运用。		

网站的促销广告在网站设计中应用的比较多，要有足够的视觉冲击力才能抓住用户的视线，简单、直接、主题明确、对比强烈是网站促销广告的特点。在本实例中，文字的展现方面主要应用了多边形套索工具，可以通过这个实例举一反三，在设计中融会贯通。最终效果如图4-101所示。

图4-101

01 启动Photoshop CS6软件，按Ctrl+N组合键或者执行菜单"文件 | 新建"命令，在弹出的"新建"对话框中进行设置，并将其命名为"网站促销广告"，如图4-102所示，新建一个空白文件。

图4-102

02 执行菜单"文件 | 打开"命令，打开随书配套光盘中的"例2_背景.jpg"图像文件，然后将其直接拖入到"网站促销广告"文件中，并按Ctrl+T组合键适当调整大小，系统自动生成"图层 1"图层，如图4-103所示。

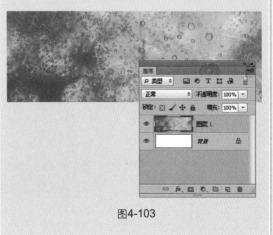

图4-103

03 接着打开"案例2_产品.jpg"图像文件，使用工具箱中的磁性套索工具把产品抠选出来，效果如图4-104所示。

图4-104

04 把抠选出的产品直接拖入到"网站促销广告"文件的右下角，系统自动生成"图层 2"图层，效果如图4-105所示。

图4-105

05 在"图层"面板中选择"图层 2"图层，然后单击底部的"添加图层样式"按钮 *fx.*，如图4-106所示，在弹出的下拉菜单中选择"阴影"命令，弹出"图层样式"对话框，设置各选项参数，如图4-107所示。添加阴影样式后的效果如图4-108所示。

图4-106

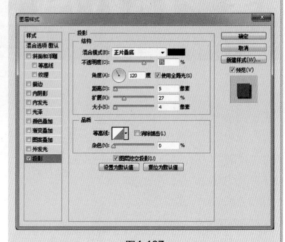

图4-107

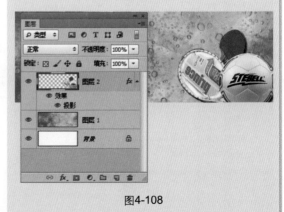

图4-108

06 接着在"图层2"图层的下面新建"图层 3"图层，然后使用工具箱中的多边形套索工具，绘制出多边形选区，并填充颜色为R=255、G=203、B=0的黄色，效果如图4-109所示。

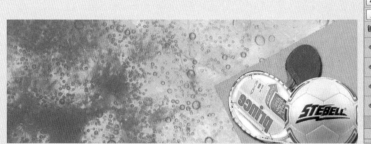

图4-109

07 在图像的左侧输入文字"清凉一夏 动起来！"，设置字体为"方正剪纸简体"，字体颜色为R=230、G=230、B=60，字号为48点，其中的"动"字字号为72点，然后为文字添加黑色描边效果，如图4-110所示。

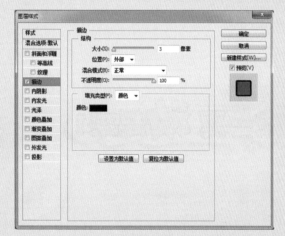

选择"描边"命令　　　　　　　　　　　　设置描边数值

添加文字效果　　　　　　　　　　　图层状态

图4-110

08 在文字图层下面新建"图层 4"图层,然后使用工具箱中的多边形套索工具 绘制出多边形选区,并填充白色,效果如图4-111所示。

图4-111

09 复制"图层 4"图层为"图层 4 副本"图层,并将复制的图层拖动到"图层 4"图层的下面,然后更改填充颜色为黑色,适当调整其位置,使效果具有一定的立体感,如图4-112所示。

图4-112

10 使用相同的方法在图像的左下方输入文字,分别设置文字的字体、字号以及颜色,然后在工具选项栏中单击"创建文字变形"按钮 ,在弹出的"变形文字"对话框中设置各选项参数如图4-113所示。文字变形后的效果如图4-114所示。

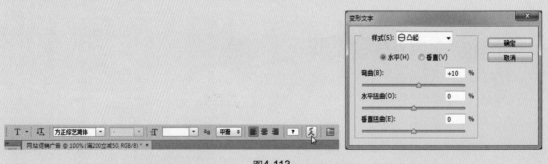

图4-113

图4-114

11 在文字图层下面新建"图层 5"图层，使用工具箱中的多边形套索工具 绘制出多边形选区，并填充颜色为R=20、G=40、B=90的蓝色，效果如图4-115所示。

图4-115

12 在左下方再次输入促销日期文字，然后设置合适的字体、字号以及颜色，完成最终效果如图4-116所示。

图4-116

Chapter 05

第5章
使用路径工具抠图

Photoshop虽然是典型的位图设计软件，也包含了一些矢量绘图的工具，如钢笔工具 、矩形工具 、椭圆工具 、多边形工具 、自定形状工具 等。其中，钢笔工具 在图像处理过程中应用非常广泛，在抠图中占有重要的位置。它能够精准地绘制出边缘平滑、边界清楚的对象，操控性非常强，几乎可以抠取大部分的图像，因此用户必须要掌握它的使用方法和技巧。

5.1　钢笔工具的使用方法

使用钢笔工具抠图，就是将对象边缘的锚点连接成路径，然后将路径转换为选区，才能选择对象。如图5-1所示为钢笔工具绘制的路径轮廓；如图5-2所示为路径转换为选区；如图5-3所示为抠取的图像。

图5-1

图5-2

图5-3

在工具箱中选择钢笔工具后，Photoshop CS6选项栏中会显示钢笔工具的相关属性，如图5-4所示。

图5-4

默认状态下，选项栏中的绘图方式选择的是路径，这样就可以在图像上绘制纯粹的路径。

使用钢笔工具绘制的路径主要分为三类：直线、曲线、转角曲线，所有形状的路径都是由这三类基本路径演变而来的。下面就来学习怎样用钢笔工具绘制这三类基本路径，为学好钢笔工具抠图打下扎实基础。

> **提　示**
>
> 钢笔工具适合选择边缘比较平滑、有明确的边界线的对象；无法选择边界模糊或者是透明的对象。

1. 使用钢笔工具绘制直线

使用钢笔工具 来绘制直线路径的方法很简单，只需使用鼠标在图像上单击即可，与基本选区工具中的多边形套索工具 类似。具体操作步骤如下：

01 选择工具箱中的钢笔工具 ，确认工具选项栏中的绘图方式为"路径"，将鼠标放在画面中（光标为 形状），单击鼠标，创建锚点，如图5-5所示。

图5-5

02 释放鼠标左键，将光标移动到下一个位置单击，创建第二个锚点，锚点之间会由一条直线连接，以此类推，可以继续绘制直线路径，如图5-6所示。

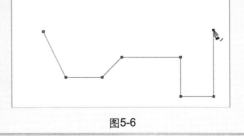
图5-6

03 如果要闭合路径，可以将光标放在路径的起点，当光标变为 形状时单击，如图5-7所示；如果不想封闭路径，可以在画面的空白处按住Ctrl键单击，或者按Esc键也可以单击其他工具结束路径的绘制，如图5-8所示。

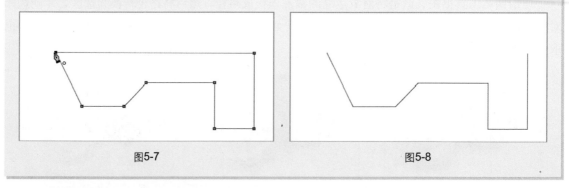

图5-7   图5-8

2. 使用钢笔工具绘制曲线

在使用钢笔工具 绘制平滑的曲线路径时，拖拽鼠标，使之出现位于同一直线的方向线。具体操作步骤如下：

01 选择工具箱中的钢笔工具 ，确认工具选项栏中的绘图方式为"路径"，将鼠标放在画面中（光标为 形状），单击并向下拖动鼠标，创建平滑锚点，如图5-9所示。

图5-9

02 将光标移至下一个位置，单击鼠标并向上拖动创建第二个平滑点，如图5-10所示。

03 以此类推继续创建平滑点，就可以绘制出一段平滑的曲线，如图5-11所示。在绘制曲线时，可以看出拖动鼠标即可拉

出锚点的方向线，调整方向线的长度和方向，会影响路径的弧度以及走向，要想绘制好曲线路径，这就需要勤加练习，控制好方向线。

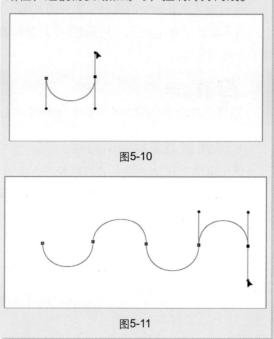

图5-10

图5-11

3. 使用钢笔工具绘制转角曲线

在使用钢笔工具 绘制转角曲线时，鼠标单击但不要拖动鼠标可以创建一个角点，或者拖拽鼠标并同时按住Alt键，使同一锚点的两条方向线改变方向，从而使平滑的路径出现转折。具体操作步骤如下：

01 执行菜单"文件 | 新建"命令，在弹出的"新建"对话框中设置各选项参数，如图5-12所示，新建一个空白文件。

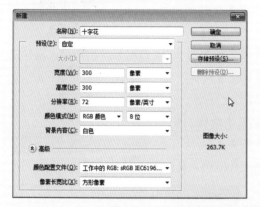

图5-12

02 为了更好地观察和绘制路径，执行菜单"视图 | 显示 | 网格"命令，显示网格，并对网格进行设置；然后执行菜单"编辑 | 首选项 | 参考线、网格和切片"命令，更改网格的颜色及间隔，如图5-13所示。

图5-13

03 选择工具箱中的钢笔工具 ，确认工具选项栏中的绘图方式为"路径"，将鼠标放在画面中（光标为 形状），单击并

向水平方向拖动鼠标，创建平滑锚点，再将光标移至下一个锚点处，单击但不要拖动鼠标，创建一个角点，如图5-14所示。

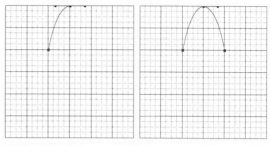

图5-14

04 将光标移至下一个锚点处，单击并向下拖拽鼠标，创建平滑锚点，再将光标移至下一个锚点处，单击但不要拖动鼠标，创建一个角点，以此类推，绘制出3个一样的图形，然后将光标移至路径的起点上，单击鼠标闭合路径，如图5-15所示。

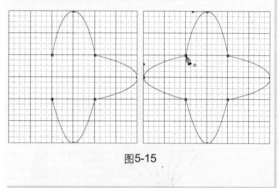

图5-15

4. 自由钢笔工具与磁性钢笔工具

在Photoshop中除了钢笔工具 外，还提供了两种相对简单的钢笔，即自由钢笔工具和磁性钢笔工具。

在工具箱中选择钢笔工具组中的自由钢笔工具 ，它的使用方法与套索工具 非常相似，只需要单击并拖拽鼠标，Photoshop就会根据移动的轨迹自动生成锚点并创建路径。自由钢笔工具 适合绘制比较随意的图形，可控性较差，速度最快。

自由钢笔工具选项栏中包含一个"磁性的"选项，当勾选该选项后，该工具就会变为磁性钢笔工具，如图5-16所示，使用方法与磁性套索工具类似，只需要在对象的边缘单击，然后释放鼠标沿对象边缘拖动，Photoshop就会自动沿着边缘生成路径。

图5-16

磁性钢笔工具的参数选项如图5-17所示。

- 曲线拟合：用来控制路径对鼠标或压感笔移动的灵敏度。该值越高，锚点越少。
- 宽度：磁性钢笔工具以该值为准，用来检测距光标指定距离内的边缘。该值越高，检测宽度越大。
- 对比：图像的边缘与背景色调接近时可将该值设置的大一些，它是指定像素具备多大的对比度才能够被视为边缘。
- 频率：指锚点的密度，该值越高，锚点越少。
- 钢笔压力：主要针对手绘板的设置，如果配置手绘板，可勾选此选项，钢笔压力增加将导致工具的检测宽度减小。

图5-17

下面将通过具体的实例来讲解如何使用磁性钢笔工具抠图。具体操作步骤如下：

素材文件	素材\第5章\折扇.jpg	难度系数	★
视频文件	视频文件\第5章\用磁性钢笔工具抠取折扇.avi		
技术难点	● 通过对磁性钢笔工具的参数设置，快速抠取图像。		

01 按Ctrl+O组合键，打开随书配套光盘中的"折扇.jpg"素材文件，如图5-18所示。

图5-18

02 在工具箱中选择钢笔工具组中的自由钢笔工具，设置工具选项栏中的绘图方式为"路径"，并勾选"磁性的"选项，单击参数下拉面板，设置参数，如图5-19所示。

图5-19

03 将鼠标放在折扇的边缘，单击鼠标创建锚点，然后释放鼠标左键，沿着折扇的边缘拖动，生成轮廓，如图5-20所示。

图5-20

04 按Ctrl+回车键，将路径转换为选区，效果如图5-21所示。

图5-21

05 按Ctrl+J组合键，复制选区中的图像，系统自动生成"图层1"图层。然后在"图层"面板中将背景图层隐藏，效果如图5-22所示。

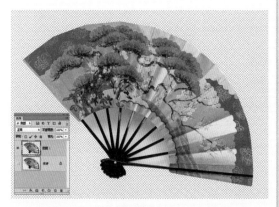

图5-23

图5-22

06 此时可以发现，扇柄处还有镂空的效果没有抠取，接着使用磁性钢笔工具把每个镂空处用路径抠选出来，如图5-23所示。

07 按Ctrl+回车键，将路径转换为选区，按Delete键删除镂空处的选区，抠图完成，效果如图5-24所示。

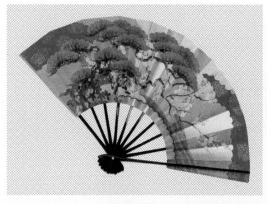

图5-24

📅 提　示

在使用磁性钢笔工具时，单击鼠标，可创建锚点；按Delete键可以删除上一个锚点；按住Alt键单击并拖动鼠标，可以绘制自由钢笔效果的手绘路径；按住Shift键单击鼠标，可以绘制直线路径；按回车键可结束开放式路径的绘制。

⭐ 5.2　钢笔工具的绘图方式

选择钢笔工具 后，在工具选项栏中会出现3种绘图方式，即形状、路径、像素。用户需要选择其中一种来设定绘图模式，然后再用钢笔工具绘图，如图5-25所示。

图5-25

1. 绘制形状图层

在钢笔工具选项栏中选择"形状"选项后，使用钢笔工具绘制的路径会自动创建一个形状图

层。工具选项栏中也会自动出现填充、描边、描边样式、宽度、高度等选项，可以进行相应的调整，如图5-26所示。形状轮廓是路径，会同时出现在"路径"面板中，如图5-27所示。

图5-26

图5-27

> **提 示**
>
> 创建形状图层后，只有在形状图层选中状态下，"路径"面板中才会显示相应路径。

2. 绘制路径

在钢笔工具选项栏中选择"路径"选项后，可以使用钢笔工具绘制出工作路径，如图5-28所示。工作路径是一个临时的路径，出现在"路径"面板中，可以用来转换选区、创建形状图层、创建矢量蒙版，也可以对路径进行填充和描边，如图5-29所示。

图5-28

图5-29

> **提 示**
>
> 工作路径是临时的路径，如果没有存储路径，那么在"路径"面板的空白区域单击可以取消选择；绘制新路径时，原工作路径会被替换掉；如果要存储路径，可以将鼠标选中该路径层，将其拖动到"路径"面板底部的"创建新路径"按钮 上。

5.2.1 绘制填充像素

只有使用形状工具（矩形工具 、椭圆工具 、多边形工具 、自定形状工具 等工具）时，才可以使用"像素"模式，钢笔工具不能使用，如图5-30所示。选择"像素"选项后，可以直接在图层中绘制光栅化图形，不会创建矢量图形，也不会在"路径"面板中出现，如图5-31所示。

图5-30

图5-31

5.3 锚点和路径

一条完整的路径是由一条或多条直线路径或曲线路径组成的，而连接这些直线与曲线的路径的关键是锚点，如图5-32所示。

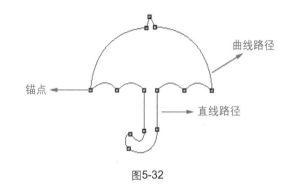

图5-32

5.3.1 锚点

锚点分为两种：一种是平滑点，用来连接平滑的曲线；一种是角点，用来连接直线和转角曲线，如图5-33所示。

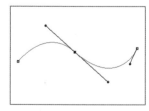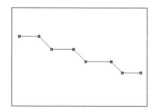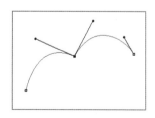

平滑点连接平滑曲线　　　　角点连接直线　　　　角点连接转角曲线

图5-33

在曲线路径上，每个锚点包含一条或两条方向线，方向线的端点是方向点，它指示了曲线的走向，直线路径的锚点不存在方向线，如图5-34所示。

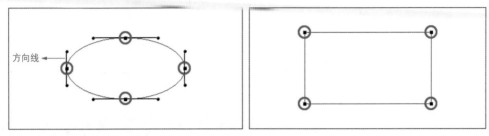

图5-34

方向线越长，由该方向线控制的曲线路径的弧度越大；方向线越短，由该方向线控制的曲线路径的弧度越小，如图5-35所示。

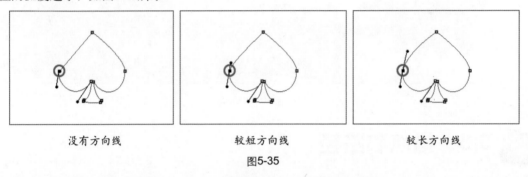

没有方向线　　　　　　　　较短方向线　　　　　　　较长方向线

图5-35

当移动平滑点上的方向线时，将同时调整平滑点两侧的曲线路径；移动角点上的方向线时，只调整与方向线同侧的曲线路径，如图5-36所示。

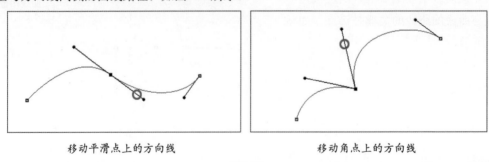

移动平滑点上的方向线　　　　　　　　　移动角点上的方向线

图5-36

在Photoshop中要想绘制的路径与对象的边缘完美的契合，往往还要对路径进行一些调整。改变路径的形状主要有两种方法：一种是对锚点的调整；一种是通过调整方向点来改变路径的弧度以及走向。下面就来介绍几种锚点的编辑方法。

1. 选择与移动锚点

在Photoshop工具箱中选择直接选择工具，在路径上单击，就可以显示出图形所包含的全部锚点，如图5-37所示；如果选择其中的一个锚点，那么就可以在这个锚点上单击，选中的锚点就会以实心的黑色方块显示，如图5-38所示；选择锚点后，单击并拖动鼠标可以将其移动，如图5-39所示。

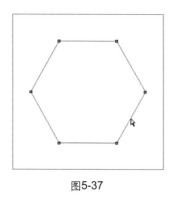
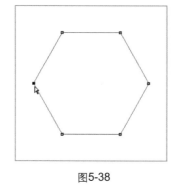
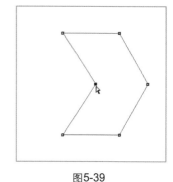

图5-37　　　　　　　　　　　　　　图5-38　　　　　　　　　　　　　　图5-39

📅 提 示

　　如果同时选择多个锚点，可以按住Shift键分别单击多个锚点；如果多选了锚点想取消其中的几个，也可以按住Shift键分别单击多选的锚点。

2. 删除与添加锚点

　　如果路径上的锚点过多，就会降低路径线的平滑度，也会使路径过于复杂，不易于修改，这时就可以使用删除锚点工具 🖊 在多余的锚点上单击，将其删除，如图5-40所示；如果需要添加新的锚点，可以使用添加锚点工具 🖊 在路径线上单击，如图5-41所示。

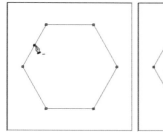
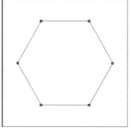
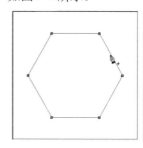
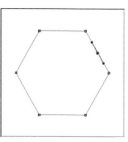

图5-40　　　　　　　　　　　　　　　　　　图5-41

3. 锚点类型转换

　　通过前面的学习，大家已经知道锚点有两种，一种是角点，一种是平滑点。使用转换点工具 🖊 可以让这两种锚点相互转换。使用该工具在角点上单击并拖动鼠标，可以将其转换为平滑点，如图5-42所示；在平滑点上单击，则可以将其转换为角点，如图5-43所示。

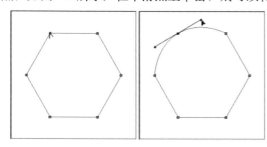
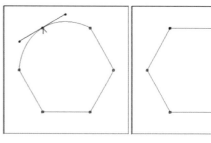

图5-42　　　　　　　　　　　　　　　　　　图5-43

　　一般情况下，使用钢笔工具 🖊 时，需要配合相应的快捷键来完成绘制，掌握了这些快捷方法

就可以提高工作效率，提高钢笔的使用技能。下面就来介绍一些钢笔工具在实际应用中的技巧。

首先选择钢笔工具，在Photoshop中会显示钢笔工具选项栏，勾选"自动添加/删除"选项，如图5-44所示。钢笔工具 🖊 就可以在路径上添加或删除锚点，这样就不用单独去选择删除锚点工具 🖊 和添加锚点工具 🖊，所以用户要注意观察光标在路径中不同的显示状态。

图5-44

1. 光标在选中的路径中显示为 🖊. 形状

光标显示为 🖊. 形状时，一般是在绘制新路径的时候，在画面中单击可以创建一个角点，单击并拖动可以创建一个平滑点，如图5-45所示。

图5-45

2. 光标在选中的路径中显示为 🖊. 形状

光标显示为 🖊. 形状时，鼠标单击可以在路径上添加锚点，如图5-46所示。

3. 光标在选中的路径中显示为 🖊. 形状

光标显示为 🖊. 形状时，鼠标单击可以在路径上删除锚点，如图5-47所示。

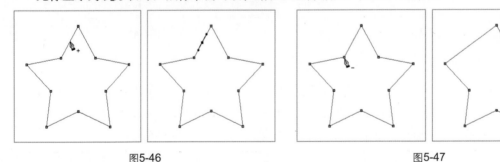

图5-46   图5-47

4. 光标在选中的路径中显示为 🖊. 形状

（1）在绘制路径过程中，将鼠标放在起始点的锚点上，光标显示为 🖊. 形状，单击即可封闭路径，如图5-48所示。

（2）在一条开放路径中，将光标放在这条路径的端点上，此时光标显示为 🖊. 形状，单击即可继续绘制该路径，如图5-49所示。

（3）如果有两条开放的路径，将钢笔工具放置在其中一条路径的端点上，光标显示为 🖊. 形状，鼠标单击，即可将两条开放式的路径连接，如图5-50所示。

图5-48

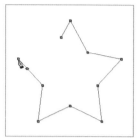 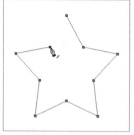

图5-49

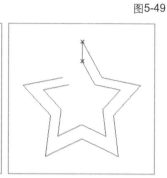

图5-50

5.3.2　路径

路径也分为两种：一种是封闭路径，没有起点和终点；一种是开放式路径，有明确的起点和终点，如图5-51所示。

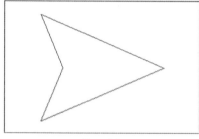 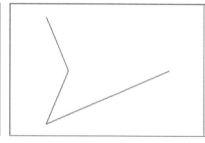

封闭路径　　　　　　　　　　　　　　　开放式路径

图5-51

路径并不局限于由一条路径连接起来的整体，它可以由多个不同而又相互独立的路径组合起来，这些独立的路径称为子路径，一个结构复杂的图形（常见于各种图案）通常由多个子路径组成，这样更便于编辑和修改，如图5-52所示为选择不同的子路径。

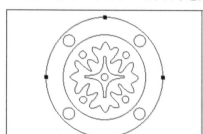 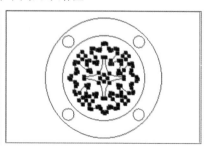

图5-52

前面已经讲过如何调整锚点来改变路径的形状，接下来重点讲一下如何通过调整方向点来改变路径的弧度以及走向。

1. 选择与删除路径

在Photoshop工具箱中使用路径选择工具 ![]，在路径上单击，就可以选中路径，如图5-53所示；如果要删除其中一段路径，可以在这段路径的两个锚点之间添加一个锚点，如图5-54所示，然后按Delete键删除即可，如图5-55所示。

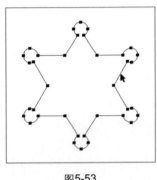　　　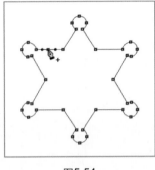　　　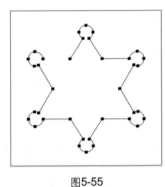

图5-53　　　　　　　　　　　图5-54　　　　　　　　　　　图5-55

2. 路径的调整

（1）调整平滑的曲线路径

使用直接选择工具 ![]，在水滴形状的路径上单击一下，整条路径的锚点就都显示出来，如图5-56所示；将光标放在其中一个平滑点上，如图5-57所示；单击并拖动鼠标调整方向线如图5-58所示。这时可以发现无论怎么调整，这两侧的方向线始终保持在一条直线上，这条曲线总是平滑的，只是角度及方向有所变化。

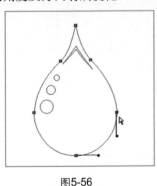　　　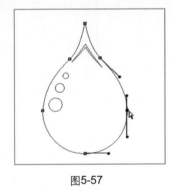　　　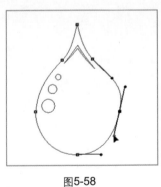

图5-56　　　　　　　　　　　图5-57　　　　　　　　　　　图5-58

（2）调整转角曲线路径

使用直接选择工具 ![]，在水滴形状的路径单击一下，把整条路径的锚点显示出来，如图5-59所示，然后选择转换点工具 ![]，用它来拖动方向线，这时方向线同侧的路径发生改变，而另一侧不受影响，该锚点由原来的平滑点转变为角点，平滑曲线也转变为转角曲线，如图5-60和图5-61所示。

通过以上的学习，我们了解到在编辑路径时最常用的就是直接选择工具 ![] 和转换点工具 ![]。在实际操作中，如果总是在这两个工具间频繁的切换，也是比较麻烦的。下面就来介绍一种方法，直接使用钢笔工具 ![] 加快捷键就可以解决全部问题，这样既节省了时间，又提高了工作效率。

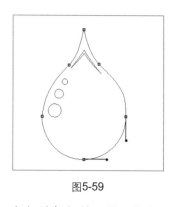
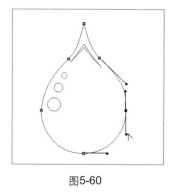
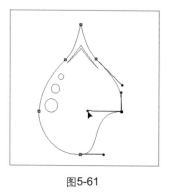

图5-59　　　　　　　　　　　图5-60　　　　　　　　　　　图5-61

（1）选择钢笔工具，按住 Ctrl 键（切换为直接选择工具）并单击路径，显示出所有锚点，然后拖动平滑点上的方向点，（不要放开 Ctrl 键）即可调整该方向点两侧的路径，如图 5-62 所示。

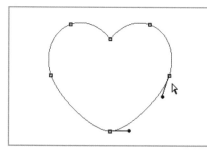
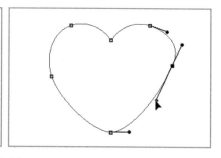

图5-62

（2）按住Alt键（切换为转换点工具）并拖动，可以单独调整方向线一侧的路径，另一侧不受影响，如图5-63所示。

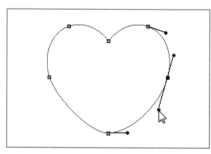
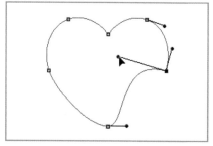

图5-63

（3）在使用钢笔工具绘制的过程中，可以按住 Alt 键切换为转换点工具，（按住 Ctrl 键切换为直接选择工具）可以拖动方向点调整曲线，释放 Alt 键继续绘制，如图 5-64 所示。

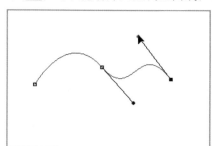
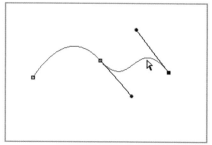

图5-64

5.4　路径与选区的转换

路径和选区可以相互转换，路径可以转换为选区，选区也可以转换为路径。将路径转换为选区后可以使用图层蒙版或者其他工具来编辑选区；将选区转换为路径，可以使用路径编辑工具或形状工具来对路径进行调整。

5.4.1　将路径转换为选区

1. 直接将路径转换为选区

（1）通过快捷键转换：按住Ctrl键单击"路径"面板中的路径，即可将其转换为选区，如图5-65所示。

图5-65

（2）通过回车键转换：在"路径"面板中单击路径或者使用路径选择工具选择路径，按住Ctrl+回车键即可转换为选区，如图5-66所示。

图5-66

（3）通过按钮转换：在"路径"面板中单击路径，再单击"将路径作为选区载入"按钮，即可进行转换，如图5-67所示。

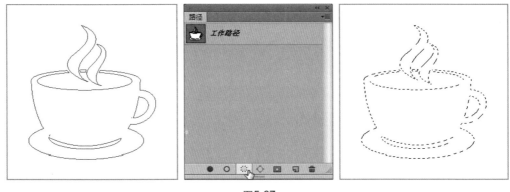

图5-67

2. 将路径转换为有羽化效果的选区

（1）通过选项栏转换：当使用钢笔工具或者形状工具时，工具选项栏中的"选区"按钮被激活，如图5-68所示。单击该按钮，会弹出"建立选区"对话框，在该对话框中可以设置羽化效果，如图5-69所示。

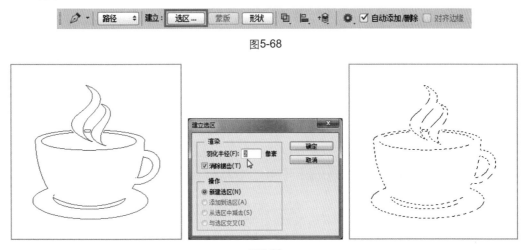

图5-68

图5-69

（2）通过快捷菜单转换：如果当前使用的是钢笔工具、形状工具、路径选择工具或者直接选择工具，则在画面中单击鼠标右键，弹出快捷菜单，从中选择"建立选区"命令，即可进行相应的设置，如图5-70所示。

图5-70

5.4.2 将选区转换为路径

（1）通过按钮转换：创建选区后，单击"路径"面板中的"从选区生成工作路径"按钮 ◇ ，即可将选区转换为路径，如图5-71所示。

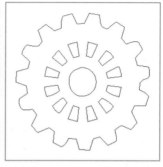

图5-71

（2）通过面板菜单命令转换：单击"路径"面板右上角的小三角按钮 ▼≡ ，在弹出的下拉菜单中选择"建立工作路径"命令，打开"建立工作路径"对话框，输入"容差"值，确定后即可将选区转换为路径。这里的"容差"值决定了转换路径后所包含的锚点数量，该值越高，锚点越少。一般情况下，锚点数量越多，与选区的形状比较接近，但是路径会变复杂，光滑度也会降低；锚点数量越少，与选区的形状差距越大，但路径比较简单、平滑。"容差"值的范围为0.5~10像素，如图5-72所示。

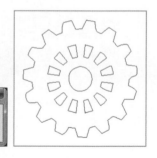

图5-72

（3）通过快捷菜单命令转换：如果当前使用的工具是选框工具、套索工具、魔棒工具等，则在画面中单击鼠标右键，可以在快捷菜单中选择 "建立工作路径"命令来进行转换，具体方法与上面讲的通过面板菜单命令转换一致，也要设置相应的"容差"值，如图5-73所示。

图5-73

羽化的选区　　　　　　　　　　　　　　　　　　转换为路径后的选区

图5-74

 ## 5.5　路径的运算

在Photoshop中经常会遇到路径与选区、路径与路径之间的运算问题，下面就来详细地讲解一下。

5.5.1　路径与选区的运算

如果图像中包含选区和路径，如图5-75所示，那么可以通过快捷键让"路径"面板中所包含的选区与图像中的选区进行运算。

（1）现有的选区与路径中的选区相加：按住Ctrl+Shift组合键单击路径（光标中会出现"＋"号），如图5-76所示。

图5-75　　　　　　　　　　　　　　　　　　　　图5-76

（2）现有的选区减去路径中的选区：按住Ctrl+Alt组合键单击路径（光标中会出现"－"号），如图5-77所示。

（3）现有的选区与路径相交叉：按Ctrl+Alt+Shift组合键单击路径（光标中会出现"X"号），如图5-78所示。

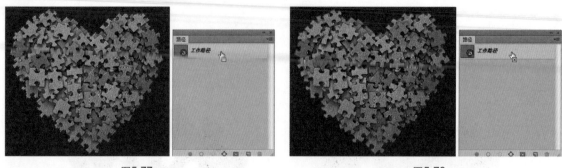

图5-77   图5-78

> **提示**
>
> 除了快捷键的方法外，还可以用菜单来实现路径与选区的运算。当图像中存在一个选区时，再单击路径，在"路径"面板下拉菜单中选择"建立选区"命令，打开"建立选区"对话框，可以看到"操作"选项组中包含了各种选区运算的选项，此外，该对话框中还包含了"羽化"选项，可以直接设置"羽化"值，从而载入带有羽化效果的选区。

5.5.2 路径与路径的运算

在Photoshop中路径与路径的运算和基本选区工具的运算非常相似，只不过在路径的运算中增加了"排除重叠形状"的运算方式，如图5-79所示。

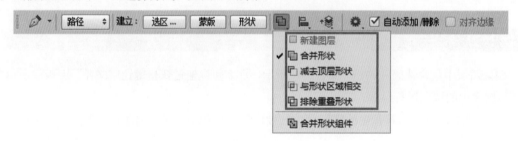

图5-79

1. 绘制路径时进行运算

如图5-80所示，有两个矢量图形，圆角距形是先绘制的路径，蝴蝶图形是后绘制的路径。

绘制完圆角矩形后，选择不同的运算选项，再绘制蝴蝶图形，就会得到不同的运算结果，为了更好地观察设置图形的颜色都为绿色，下面就来看一下具体的效果。

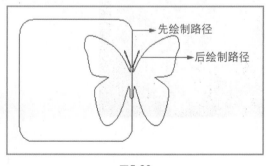

图5-80

- 合并形状：选择该选项，新绘制的区域会与原路径中的区域相加，如图5-81所示。

- 减去顶层形状：选择该选项，新绘制的区域会从重叠的路径区域中减去，如图5-82所示。

图5-81

图5-82

● 与形状区域相交▣：选择该选项，得到的是新绘制的区域与现有的路径区域相交叉的图形，如图5-83所示。

图5-83

● 排除重叠形状▣：选择该选项，可以从合并的路径中排除重叠的区域，如图5-84所示。

图5-84

2. 绘制路径后进行运算

路径的处理有很多方式，绘制好的路径一样可以对它们进行运算。具体的方法是：使用路径选择工具，按住Shift键的同时单击两个或多个路径，如图5-85所示，接着选择工具选项栏中相应的运算选项，即可修改运算结果，如图5-86所示。

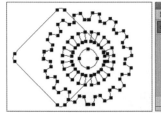 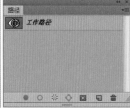

图5-85 图5-86

 # 5.6 为人物戴上面具

素材文件	素材\第5章\案例1_面具.jpg、案例1_人物.jpg、案例1_背景.jpg	视频文件	视频文件\第5章为人物戴上面具.avi
源 文 件	源文件\第5章\为人物戴上面具.psd	难度系数	★★★
技术难点	● 熟练掌握钢笔工具的运用。 ● 了解面具与人物的合成效果。		

本实例的重点在于如何使用钢笔工具来进行抠图，需要注意的是尽量使用较少的锚点，确保路径的光滑流畅，与抠取图像的边缘完美贴合，达到最理想的效果。原始图像与处理后的对比效果如图5-87所示。

图5-87

01 启动Photoshop CS6软件，在界面空白区域双击鼠标或者执行菜单"文件 | 打开"命令，选择随书配套光盘中的"案例1_背景.jpg"图像文件，如图5-88所示。

图5-88

02 接着按Ctrl+O组合键，打开随书配套光盘中的"案例1_人物.jpg"图像文件，如图5-89所示。

图5-89

03 选择工具箱中的移动工具 ，鼠标单击并拖动"案例1_人物.jpg"中的图像到"案例1_背景"文件中，如图5-90所示。

图5-90

04 单击"图层"面板底部的"添加图层蒙版"按钮 ，使用柔角画笔工具 涂抹（画笔大小随着抠选边缘随时调整，大面积的黑色可以用较大的画笔，到人物边缘的地方要用较小的画笔），把人物大致的轮廓抠选出来，如图5-91所示。

图5-91

05 再次按Ctrl+O组合键，打开随书配套光盘中的"案例1_面具.jpg"图像文件，如图5-92所示。

图5-92

06 使用工具箱中的钢笔工具 进行抠选，在这里只选用一半的面具，中间的眼睛部位绘制路径时需要在工具选项栏中单击"排除重叠形状"按钮 ，路径勾选效果如图5-93所示。

图5-93

07 按Ctrl+回车键，将路径转换为选区；接着按Ctrl+J组合键复制选区，系统自动生成"图层1"图层，如图5-94所示。

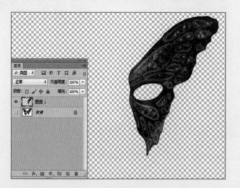

图5-94

08 选择工具箱中的移动工具，鼠标单击并拖动抠选出的面具图像到"案例1_背景"文件中，效果如图5-95所示。

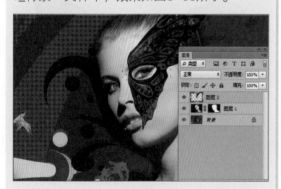

图5-95

09 按Ctrl+T组合键，调整面具的大小和旋转角度，效果如图5-96所示。

图5-96

10 选择面具图层（即"图层2"图层），使其成为当前图层。单击"图层"面

板底部的"添加图层样式"按钮 fx.，在弹出的下拉菜单中选择"阴影"命令，弹出"图层样式"对话框，设置参数如图5-97所示。为面具添加阴影样式后的效果如图5-98所示。

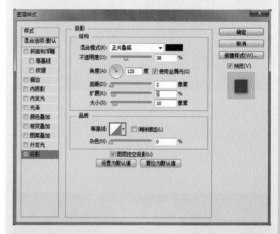

图5-97

图5-98

11 执行菜单"图像|调整|亮度/对比度"命令，弹出"亮度/对比度"对话框，设置"亮度"为120、"对比度"为60，效果如图5-99所示。

图5-99

12 使用工具箱中的加深工具[图]和减淡工具[图]在面具上根据人脸做相应的处理。比如眉弓和颧骨的地方应该是比较凸出的，就要用到减淡工具调整；眼窝、鼻翼、颧骨的下面就要用加深工具来调整，效果如图5-100所示。

图5-100

13 执行菜单"图像 | 调整 | 照片滤镜"命令，弹出"照片滤镜"对话框，设置"滤镜"为"加温滤镜（85）"、"浓度"为70%，效果如图5-101所示。

图5-101

14 这时可以发现人物的头发颜色与面具搭配不协调，那么就为人物的头发换一种颜色，使其搭配更加协调。使用钢笔工具[图]大致勾选出人物头发的轮廓，如图5-102所示。

15 按Ctrl+回车键把路径转换为选区，在"图层"面板中新建"图层3"图层并填充颜色为R=197、G=121、B=6，效果如图5-103所示。

图5-102

图5-103

16 在"图层"面板中将"图层3"图层的混合模式设置为"叠加"，效果如图5-104所示。

图5-104

17 选择人物图层（即"图层1"图层），使其成为当前图层。执行菜单"图像 | 调整 | 曲线"命令，弹出"曲线"对话框，设置"通道"为RGB，调整曲线如图5-105所示。

18 完成后的最终效果如图5-106所示。

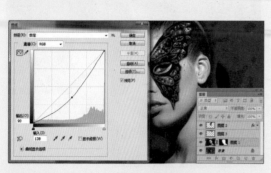

图5-105　　　　　　　　　　　　　　图5-106

 ## 5.7　绿地上的旋律

素材文件	素材\第5章\案例2_小提琴.jpg、案例2_蝴蝶.psd、案例2_背景.jpg	视频文件	视频文件\第5章\绿地上的旋律.avi
源 文 件	源文件\第5章\绿地上的旋律.psd	难度系数	★★★
技术难点	● 熟练掌握钢笔工具的运用。		

在本实例中可以看到钢笔工具的运用比较多，但需要注意的是在绘制平滑曲线和转角曲线时要贴合对象的边缘，随时观察，随时调整。原始图像与处理后的对比效果如图5-107所示。

图5-107

01 启动Photoshop CS6软件，在界面空白区域双击鼠标或者执行菜单"文件 | 打开"命令，选择随书配套光盘中的"案例2_小提琴.jpg"图像文件，如图5-108所示。

图5-108

02 选择工具箱中的钢笔工具 ，把小提琴的轮廓抠选出来，注意琴弦部位应该有镂空的地方，效果如图5-109所示。

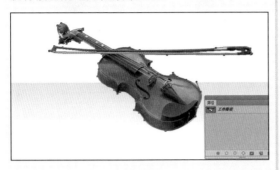

图5-109

03 按Ctrl+回车键将路径转换为选区，再按Ctrl+J组合键复制选区，系统自动生成"图层1"图层，在"图层"面板中将背景图层隐藏，效果如图5-110所示。

图5-110

04 按Ctrl+O组合键，打开随书配套光盘中的"案例2_背景.jpg"图像文件，使用工具箱中的移动工具 将刚才抠选出来的小提琴拖拽到"案例2_背景.jpg"图像文件中，效果如图5-111所示。

图5-111

05 将小提琴拖入文件中后，需要将其颜色调整一下，使其能够更好地与背景融合。执行菜单"图像 | 调整 | 色彩平衡"命令，弹出"色彩平衡"对话框，分别对"阴影"、"中间调"、"高光"的颜色进行调整，如图5-112所示。执行后的效果如图5-113所示。

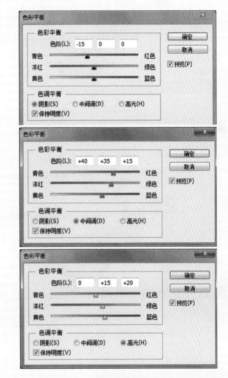

图5-112

图5-113

06 按住Ctrl键，鼠标单击小提琴图层（即"图层1"图层），载入小提琴选区；接着新建"图层2"图层，按Shift+F6组合键，打开"羽化选区"对话框，设置"羽化半径"为5像素，如图5-114所示。然后为选区填充灰色（颜色值为R=98、G=98、B=98），效果如图5-115所示。

图5-114

图5-115

07 继续使"图层2"图层为当前图层，使用移动工具 ⊕ 调整阴影的位置，使小提琴的阴影显示出来，效果如图5-116所示。

图5-116

08 再次按Ctrl+O组合键，打开随书配套光盘中的"案例2_蝴蝶.psd"图像文件，该文件中有不同形态的蝴蝶，每只蝴蝶单独一层，如图5-117所示。

图5-117

09 在此可以将不同形态的蝴蝶用移动工具 ⊕ 拖拽到"案例2_背景"文件中，根据背景调整蝴蝶的大小、旋转的角度等，效果如图5-118所示。系统会依次自动生成不同的图层。

图5-118

10 同时选择"图层3"、"图层4"、"图层5"和"图层6"图层，也就是4只蝴蝶的图层，按Ctrl+E组合键合并图层，再按住Ctrl键单击图层，载入选区，效果如图5-119所示。

图5-119

11 接着新建"图层7"图层，按Shift+F6
组合键，打开"羽化选区"对话框，
设置"羽化半径"为5像素，如图5-120所
示。然后填充灰色（颜色值为R=98、G=98、
B=98），效果如图5-121所示。

12 使用前面相同的方法，调整蝴蝶阴影
的位置，并设置阴影图层（即"图层
7"图层）的"不透明度"为60%，使蝴蝶更
加生动，效果如图5-122所示。完成最终效果
的制作。

图5-121

图5-120

图5-122

Chapter 06

第6章
使用橡皮擦工具抠图

在Photoshop的工具箱中有3种橡皮擦工具，分别是橡皮擦工具 、背景橡皮擦工具 和魔术橡皮擦工具 。这3种工具操作方法都非常简单，可以快速地清除背景图像，但是对图像的背景有一定的要求，即背景不能过于复杂，以单色为宜，再有就是它们的抠图精度不高，会删除图像，在后期调整时会比较麻烦，所以可以经常用于图像小样的制作。

除了直接使用橡皮擦工具外，还可以使用铅笔工具 和画笔工具 达到同样的效果。

1. 使用铅笔工具作为橡皮擦使用

选择工具箱中的铅笔工具 ✎，在工具选项栏中选择铅笔的绘图模式为"清除"模式，则铅笔工具就可以作为橡皮擦使用了，如图6-1所示。

图6-1

2. 使用画笔工具作为橡皮擦使用

选择工具箱中的画笔工具 ✏，在工具选项栏中选择画笔的绘图模式为"清除"模式，则画笔工具就可以作为橡皮擦使用了，如图6-2所示。

图6-2

📅 提 示

将铅笔工具或者画笔工具作为橡皮擦使用时，需要将图层设置为普通的像素图层。在背景图层、文字图层、形状图层下使用此功能无效。

 6.1　3种不同功能的擦除工具

6.1.1　橡皮擦工具

橡皮擦工具 ◢ 可以将图像擦除至透明或是工具箱中的背景色，并具备历史记录画笔工具 ✎ 的功能。选择橡皮擦工具 ◢ 后，其选项栏如图6-3所示。

图6-3

橡皮擦工具 ◢ 模式有3个，分别是画笔、铅笔和块。

- 选择"画笔"和"铅笔"模式时，橡皮擦的用法与画笔和铅笔的用法相似。
- 当选择块模式时，它就是一个方块形状的橡皮擦，此模式的橡皮擦和视图的缩放没有关系。
- 当勾选"抹到历史记录"选项时，橡皮擦工具可以作为历史记录画笔工具 ✎ 来使用。

📅 提 示

按住Alt键，橡皮擦工具 ◢ 可以临时切换到"抹到历史记录"状态。

6.1.2 背景色橡皮擦工具

背景色橡皮擦工具 是一种智能抠图工具，它可以自动识别对象的边缘，在拖动鼠标时可以将图层上的像素抹成透明，可以在擦除背景的同时在前景中保留对象的边缘。通过指定不同的取样和容差选项，来控制透明度的范围和边界的锐化程度。它适合处理边界清晰的图像，对象边缘与背景的对比度越高，擦除的效果就越好。如图6-4所示是背景色橡皮擦工具的选项栏。

图6-4

在选项栏上可以看出，背景色橡皮擦工具有3种取样的选项，分别是"连续" 、 "一次" 和"背景色板" 。

● **连续取样** ：比较适合当前背景色变化较大时使用。

默认情况下，连续取样的按钮是选中的状态。它表示随着鼠标的拖动将连续采取色样。当移动光标时，Photoshop会随时对出现在十字线处的颜色进行取样，所以光标中心的十字线不要碰触需要保留的对象，会将其擦除。如图6-5所示为正确的擦除方法；如图6-6所示为错误的擦除方法，这是由于将光标放在了要抠取对象上，结果被擦除了。

图6-5

图6-6

● **一次取样** ：比较适合背景为单色或者颜色变化不大时使用。

表示只擦除包含第一次单击的颜色的区域。当使用一次取样时，不必特别留意光标中心的十字线位置，因为无论光标移到什么位置，光标中心的十字线位置碰触到什么对象，都只擦除与取样颜色相近的颜色。如图6-7所示为将光标放在背景上取样；如图6-8所示为按住鼠标在画面中随意涂抹。

● **背景色板取样** ：比较适合背景颜色变化较大，而又不想进行连续取样时使用。

表示只擦除包含当前背景色的区域。使用"背景色板"取样时，可以自定义取样颜色，这为处理多色背景带来了很大的方便。如图6-9所示的图像，背景中包含黄色、绿色、褐色3种主要颜色，这3种颜色的色调差异较大，一次不容易清除干净，最好分开处理。可以单击"背景色板"按钮 ，再用吸管工具按住Alt键的同时在黄色背景上单击，作为背景色，如图6-10所示，拖动鼠标，将黄色擦除；如图6-11所示，处理绿色时，先用吸管工具按住Alt键同时拾取绿色作为背景色，然后将其擦除；如图6-12所示，处理褐色，将其擦除。

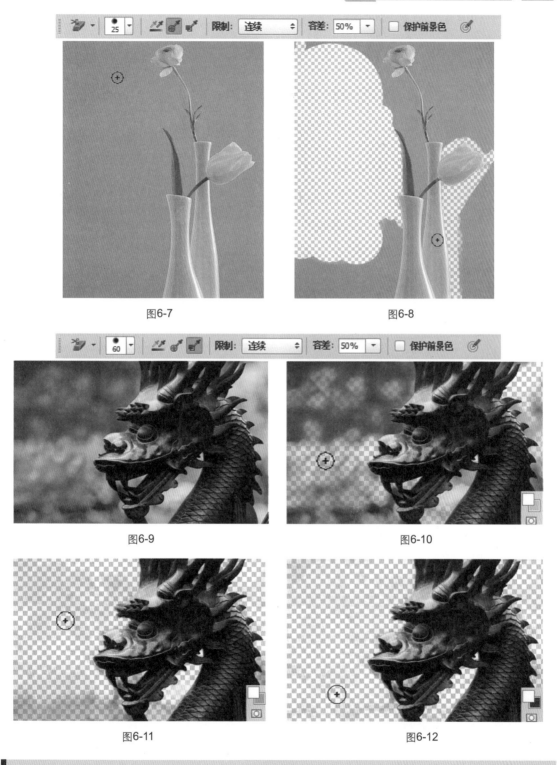

图6-7　　　　　　　　　　　　　　　　　图6-8

图6-9　　　　　　　　　　　　　　　　　图6-10

图6-11　　　　　　　　　　　　　　　　　图6-12

📅 **提　示**

在使用"背景色板"取样时，如果背景色无法一次清除，可以将容差值调小，再进行取样并清除颜色。

拾取背景色时，可以按住Alt键临时切换为吸管工具，在图像上单击取样，然后按X键，将取样的颜色切换为背景色。释放Alt键，将恢复为背景橡皮擦工具。

在背景橡皮擦工具 [图] 选项栏中还有3个擦除的限制模式，分别是"不连续"、"连续"和"查找边缘"。它们是指在拖动鼠标时，擦除的是连接的像素还是擦除工具范围内的所有相似的像素，如图6-13所示。

图6-13

- 不连续：表示可以擦除出现在画笔下任何位置的取样颜色，如图6-14所示。

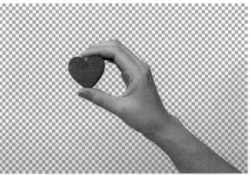

图6-14

- 连续：表示可以擦除包含样本颜色并且相互连接的区域，如图6-15所示。

图6-15

- 查找边缘：与"连续"选项的作用有些相似。可以擦除包含样本颜色的连接区域。同时更好的保留图像边缘的锐化程度。如图6-16所示，为了更好地观察，将背景橡皮擦工具的"取样"设置为"背景色板"，将"容差"设置为100%，再分别用"连续"和"查找边缘"进行处理。

由图6-16可以看出，选择"连续"限制模式时会把需要保留的部分擦掉了（显示为半透明的树叶）。选择"查找边缘"限制模式时却能很好的保留图像的边缘，没有破坏到树叶的部分。

在背景色橡皮擦工具 [图] 选项栏中包含一个"容差"选项，当该值较低时，只擦除与取样点颜色非常相似的其他颜色；当该值较高时，可以擦除范围更广的颜色。如图6-17所示为设定不同容差值，擦除背景后的效果。

原图

选择"连续"

选择"查找边缘"

图6-16

图6-17

　　在使用背景色橡皮擦工具时，如果想要保护某种颜色不被破坏，可以在工具选项栏中勾选"保护前景色"选项，然后用吸管工具拾取这种颜色作为前景色，再进行擦除操作。如图6-18所示，背景色与郁金香的紫色很接近，遇到这种情况，可以考虑"保护前景色"功能，然后用吸管工具在需要保留的颜色上单击，将其设置为前景色，再使用背景色橡皮擦工具进行擦除。

图6-18

6.1.3　魔术橡皮擦工具

　　魔术橡皮擦工具 可以看成是魔棒工具和橡皮擦工具的合成工具，它能够以最快的速度清除背景。它的使用方法也非常简单，只需要选择魔术橡皮擦工具 ，然后将光标放在背景上，单击

鼠标即可清除背景，如图6-19所示。

图6-19

魔术橡皮擦工具 的选项栏如图6-20所示。

容差: 50　☑ 消除锯齿　☑ 连续　☐ 对所有图层取样　　不透明度: 100% ▾

图6-20

- 容差：可擦除的颜色范围，该值较低时，只擦除与取样点颜色非常相似的其他颜色；当该值较高时，可以擦除范围更广的颜色。

- 消除锯齿：勾选该选项后，可以使涂抹区域的边缘更加平滑。

- 连续：勾选该选项后，只擦除与单击像素连续的像素；取消勾选该选项，则擦除图像中的所有相似像素。

- 对所有图层取样：当图像中包含多个图层时，勾选该选项，可利用所有可见图层中的组合数据来采集擦除色样；取消勾选该选项，只对当前图层采集擦除色样。

- 不透明度：用来设置工具的涂抹强度。100%的不透明度将完全擦除像素，较低的不透明度将部分擦除像素。如图6-21所示为100%的不透明度和50%的不透明度所擦除的效果。

100%不透明度　　　　　　　　　50%不透明度

图6-21

　　如果当前图层中包含透明区域，并且图层锁定了透明像素，如图6-22所示，那么使用魔术橡皮擦工具时，不会擦除像素，而是以背景色填充图像，如图6-23所示。

图6-22

图6-23

6.2　使用背景橡皮擦工具抠取小猫

素材文件	素材\第6章\案例1_小猫.jpg	视频文件	视频文件\第6章\抠取小猫.avi
源 文 件	源文件\第6章\抠取小猫.psd	难度系数	★★★
技术难点	● 设置好前景色和背景色，使背景橡皮擦工具应用更加方便。		

　　通过本实例可以更好的理解使用背景橡皮擦工具抠图的方法，对于背景比较单一的图像，抠取更加方便。原始图像与处理后的对比效果如图6-24所示。

图6-24

 启动Photoshop CS6软件，在界面空白区域双击鼠标或者执行菜单"文件 | 打开"命令，选择随书配套光盘中的"案例1_小猫.jpg"图像文件，如图6-25所示。

图6-25

02 在"图层"面板中按住"背景"图层并将其拖拽到底部的"创建新图层"按钮 上,复制"背景"图层,系统自动生成"背景 副本"图层,如图6-26所示。

图6-26

03 在工具箱中选择背景橡皮擦工具 ,然后在工具选项栏中单击"背景色板"按钮 ,设置"容差"为80%,勾选"保护前景色"选项,前景色为吸管工具在小猫身上的边缘部分吸取的颜色,背景色为吸管工具在背景上吸取的颜色,如图6-27所示。

04 隐藏背景图层,将光标放在"背景 副本"图层的图像上,单击并拖动鼠标,将背景擦除,效果如图6-28所示。

图6-27

图6-28

05 按住Ctrl键的同时单击"图层"面板底部的"创建新图层"按钮 ,在当前图层下方新建图层,系统自动生成"图层1"图层,如图6-29所示。接着将前景色设置为橙色,如图6-30所示。按Alt+Delete组合键填充前景色,效果如图6-31所示。

图6-29

图6-30

图6-31

06 接着将前景色设置为R=213、G=112、B=6，背景色设置为R=145、G=75、B=0。执行菜单"滤镜 | 渲染 | 纤维"命令，打开"纤维"对话框，拖动差异和强度的控制点，调整效果，单击"确定"按钮关闭对话框，为当前图层添加纤维效果，如图6-32所示。

图6-32

07 执行菜单"滤镜 | 渲染 | 光照效果"命令，打开"光照效果"对话框，拖动控制点将光源照射方向调整到左上角，为当前图层添加光照效果，如图6-33所示。

图6-33

08 在新背景上把图像放大后就会发现，小猫的抠图并不完美，还残留着一些淡淡的背景色，如图6-34所示。

图6-34

09 在"图层"面板中选择"背景 副本"图层，使其成为当前图层。选择工具箱中的背景橡皮擦工具，依照步骤3的设置方法，可以适当调整背景色以及容差值，将多余的背景擦除，最终效果如图6-35所示。

图6-35

6.3 制作具有现代感的背景

素材文件	素材\第6章\案例2_铁塔.jpg、案例2_背景.jpg	视频文件	视频文件\第6章\制作具有现代感的背景.avi
源 文 件	源文件\第6章\制作具有现代感的背景.psd	难度系数	★★★
技术难点	● 使用背景橡皮工具中的"一次取样"功能来抠选图像。		

在本实例中通过观察图像，可以看出图像的背景变化不是很大，因此采用背景橡皮擦工具中的"一次取样"功能来抠取更加方便。如果不能一次彻底清除背景，那么就需要不断地去擦除背景，还要注意对前景色的保留。原始图像与处理后的对比效果如图6-36所示。

图6-36

01 启动Photoshop CS6软件，在界面空白区域双击鼠标或者执行菜单"文件 | 打开"命令，选择随书配套光盘中的"案例2_铁塔.jpg"图像文件，如图6-37所示。

图6-37

02 在"图层"面板中将"背景"图层进行复制，系统自动生成"背景 副本"图层，如图6-38所示。

图6-38

03 选择工具箱中的背景橡皮擦工具，在工具选项栏中单击"一次取样"按钮，设置"容差"为50%，勾选"保护前景色"选项，前景色为吸管工具在铁塔边缘部分吸取的颜色，如图6-39所示。

04 在"图层"面板中将背景图层隐藏，将光标放在"背景 副本"图层的图像上，单击并拖动鼠标，将背景擦除，效果如图6-40所示。

图6-39

图6-40

05 按住Ctrl键单击"背景 副本"图层，在该图层的下面自动新建一个图层，系统自动生成"图层 1"图层，并填充为黑色，以便观察抠图是否有遗漏的地方。如图6-41所示的画圆圈的部分都是残留的应该擦除的部分。

图6-41

06 再次使用工具箱中的背景橡皮擦工具 进一步清除残留的背景。工具选项栏设置以及清除后的效果如图6-42所示。

图6-42

07 按Ctrl+O组合键，打开随书配套光盘中的"案例2_背景.jpg"图像文件，如图6-43所示。

图6-43

08 将刚刚抠取的铁塔图像拖入到"案例2_背景.jpg"文件中，放到适当的位置，效果如图6-44所示。

图6-44

09 将铁塔图层（即"背景 副本"图层）为当前图层，执行菜单"图像 | 调整 | 去色"命令，使铁塔变为灰色，效果如图6-45所示。

图6-45

10 执行菜单"图像 | 调整 | 亮度/对比度"命令，打开"亮度/对比度"对话框，设置"亮度"为-100、"对比度"为100，如图6-46所示。调整铁塔的亮度和对比度后的效果如图6-47所示。

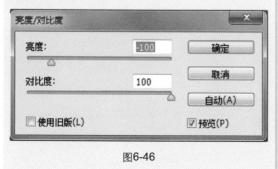

图6-46

图6-47

11 按住Ctrl键单击"背景 副本"图层，在该图层的下面自动新建一个图层，系统自动生成"图层 1"图层，并使用工具箱中的钢笔工具大致勾画出铁塔的轮廓，要注意勾画轮廓的时候需留有一定的距离，效果如图6-48所示。

图6-48

12 按Ctrl+Enter组合键，将路径转换为选区，并填充为白色，效果如图6-49所示。

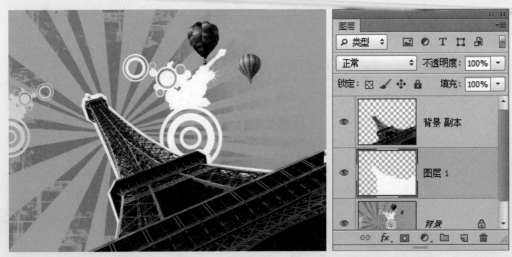

图6-49

Chapter 07

第7章
使用"调整边缘"命令抠图

当在Photoshop中编辑选区或者使用选框工具、套索工具、魔棒工具等选区工具时，在其选项栏中都会出现"调整边缘"命令，该命令也可以在"选择"菜单栏中找到。"调整边缘"命令既能抠图，也能编辑选区。可以识别透明区域、毛发等细微对象，是非常好的抠图工具。

7.1 "调整边缘"命令的使用方法

在使用"调整边缘"命令抠图时，可以先用魔棒工具、选框工具、套索工具、快速选择工具，或"色彩范围"命令等创建一个大致选区，再使用"调整边缘"命令对选区进行细化，从而选中对象。

在图像中创建选区，如图7-1所示；执行菜单"选择|调整边缘"命令，打开"调整边缘"对话框，如图7-2所示。

图7-1

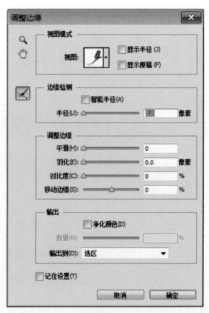

图7-2

1."视图模式"选项组

Photoshop中的选区会有多种状态来呈现，在画面中，它是闪烁的蚂蚁线；在通道和蒙版中，它又是一张黑白图像。选区的各种形态可以让用户更好地去观察选区，从而对其进行编辑，在"调整边缘"命令中就可以看到选区的全部形态。在"调整边缘"对话框下的"视图模式"选项组中的"视图"下拉列表中所包含的几种视图模式，可以方便用户更好地观察选区的调整结果，如图7-3所示。

- 闪烁虚线：标准的蚂蚁线闪烁选区。如果是羽化的选区，那么边界将会围绕被选中50%以上的像素，如图7-4所示。

- 叠加：可在快速蒙版下查看选区，如

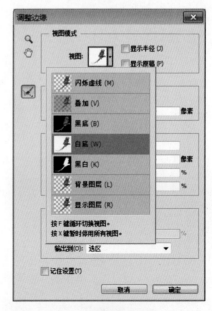

图7-3

图7-5所示。

图7-4

图7-5

- 黑底：可在黑色背景上查看选区，如图7-6所示。
- 白底：可在白色背景上查看选区，如图7-7所示。

图7-6

图7-7

- 黑白：可预览用于定义选区的通道图像，如图7-8所示。
- 背景图层：如果当前图层不是背景图层，选择该视图，可以将选取的对象放在背景图层上观察；如果当前图层是背景图层，则可将选取的对象放在透明背景上，如图7-9所示。

图7-8

图7-9

- 显示图层：可查看整个图层，不显示选区，如图7-10所示。

图7-10

2. "边缘检测"选项组

在"调整边缘"对话框中的"边缘检测"选项组中，如图7-11所示，若勾选"智能半径"复选框，则系统将根据图像智能的调整扩展选区，达到去除选区边缘白边的作用。

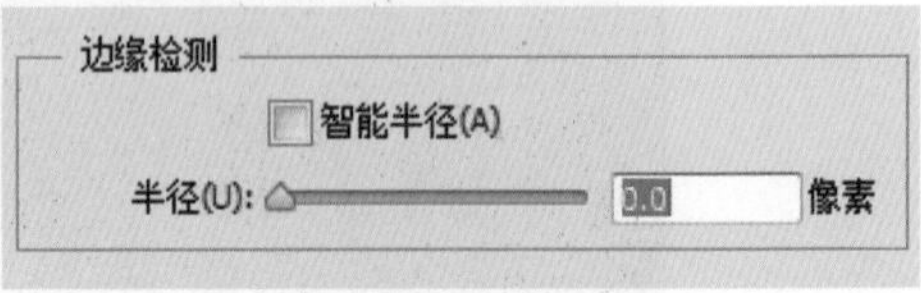

图7-11

"半径"选项可确定边缘调整的选区边的大小，在默认情况下，"半径"值为0像素，"半径"值越小，选区边缘锐化效果越强；反之，"半径"值越大，选区边缘就越柔和。如图7-12所示为"半径"为2像素时，调整图像的边缘；如图7-13所示为"半径"为250像素时，调整图像的边缘。

图7-12

图7-13

在"调整边缘"对话框中，默认状态下选择的是调整半径工具 ，用户可以通过该工具来绘制边缘的细节，而抹除调整工具 可以抹除选区。

3. "调整边缘"选项组

在"调整边缘"对话框中，"调整边缘"选项组可以对选区进行平滑、羽化、对比度等处理。

如图7-14所示为创建一个椭圆形选区，然后打开"调整边缘"对话框，选择在"白底"模式下预览选区效果。

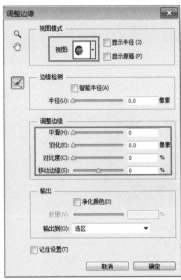

图7-14

- 平滑：可以使选区轮廓更加平滑，减少不规则的区域，如图7-15所示。
- 羽化：可以对选区进行羽化，羽化范围为0~250像素，如图7-16所示。

图7-15

图7-16

- 对比度：可以锐化选区边缘，去除模糊的选区轮廓。对于添加羽化的选区，可以减少或消除羽化效果，如图7-17所示。

图7-17

● 移动边缘：设置为负值时，可以收缩选区边界；设置为正值时，可以扩展选区边界。在抠图时，用户可以将边界向内收缩一点，清除不必要的背景，如图7-18所示。

图7-18

4."输出"选项组

"调整边缘"对话框中的"输出"选项组用于消除选区边缘的杂色、设定选区的输出方式，如图7-19所示。

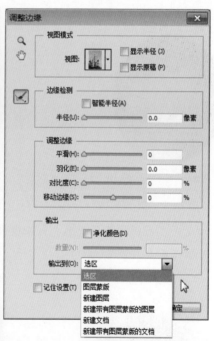

图7-19

● 净化颜色：可以修整选区边缘的颜色。勾选该选项后，拖动"数量"滑块可以将彩色边缘替换为附近完全选中的像素颜色。如图7-20所示为没有勾选该选项的抠图效果，可以看到在城堡的边缘有白边；如图7-21所示为净化后的颜色，此时，白边已经被清除了。

● 输出到：在该选项的下拉列表中可以选择选区的输出方式，它们决定了调整后的选区是变为当前图层上的选区或蒙版，还是生成一个新的图层或文档，如图7-22所示。

图7-20

图7-21

选区

图层蒙版

新建图层

新建带有蒙版的图层

图7-22

如图7-23所示为两种输出方式用定义的选区重新生成一个新的文档。

新建文档

新建带有图层蒙版的文档

图7-23

 7.2　使用"调整边缘"命令抠取小狗

素材文件	素材\第7章\案例1_小狗.jpg、案例1_背景.jpg	视频文件	视频文件\第7章\抠取小狗.avi
源文件	源文件\第7章\抠取小狗.psd	难度系数	★★★
技术难点	● 注意小狗边缘的处理，在"调整边缘"命令中选择合适的视图模式来观察图像，以便修整选区。		

　　在本实例中观察原始图像中的小狗，难点在于小狗周围的边缘处理，如果使用魔棒工具和橡皮擦工具都不可能将边缘处理好，这时候就需要考虑使用"调整边缘"命令，先勾选出大致的选区，再进一步调整选区。原始图像和处理后的对比效果如图7-24所示。

图7-24

01　启动Photoshop CS6软件，在界面空白区域双击鼠标或者执行菜单"文件 | 打开"命令，选择随书配套光盘中的"案例1_小狗.jpg"图像文件，如图7-25所示。

02　使用工具箱中的快速选择工具大致勾选出小狗的轮廓，效果如图7-26所示。

03　单击工具选项栏中的"调整边缘"按钮，打开"调整边缘"对话框，在"视图模式"选项组中将视图模式选择为"黑底"，可以更清楚地看到毛发细节，如图7-27所示。

图7-25

图7-26

图7-27

04 单击"调整边缘"对话框中的"调整半径工具"按钮，然后到图像中将光标放在小狗的身体边缘进行拖动，绘制调整区域，重点是小狗的毛发，释放鼠标后，即可对选区进行细化，效果如图7-28所示。

图7-28

05 接着在"调整边缘"对话框的"边缘检测"选项组中勾选"智能半径"选项，把"半径"滑块调到最高值，继续在小狗边缘的毛发上调整涂抹，如图7-29所示。

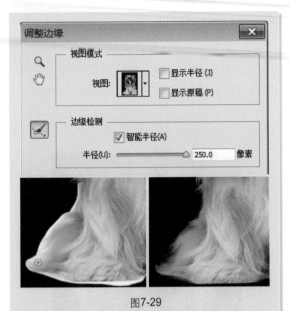

图7-29

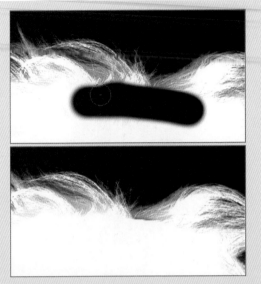

图7-31

06 在"视图模式"选项组中将视图模式选择为"黑白"，可以以通道的模式来观察图像。此时可以看到小狗身体上有灰色的图像，说明灰色部分没有被完全选中，那么在抠图之后，这个灰色部分的内容会呈现透明的效果。下面就来调整灰色部分的图像，如图7-30所示。

08 接着在"视图模式"选项组中将视图模式选择为"白底"，看一下整体的抠图效果如图7-32所示。

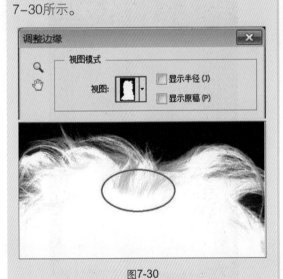

图7-30

07 在"调整边缘"对话框中选择抹除调整工具，在小狗身体上的灰色部位涂抹，涂抹时要注意不要涂抹到边缘的毛发，在涂抹过程中可以随时按"["和"]"键调整笔尖的大小，效果如图7-31所示。

图7-32

09 为了使小狗的毛发更加平滑、真实，可以适当调整平滑度、羽化值，然后勾选"净化颜色"复选框，设置"数量"为60%，清除边缘的杂色，效果如图7-33所示。

图7-33

10 单击"调整边缘"对话框中的"确定"按钮将其关闭，将小狗图像抠取出来。在"图层"面板中将背景图层隐藏，效果如图7-34所示。

图7-34

11 按Ctrl+O组合键，打开随书配套光盘中的"案例1_背景.jpg"图像文件。使用工具箱中的移动工具将小狗拖入到刚刚打开的背景文件中，按Ctrl+T组合键，调整小狗的大小，效果如图7-35所示。

图7-35

12 按住Ctrl键单击"图层"面板底部的"创建新图层"按钮，在小狗图层的下方新建一个图层。选择工具箱中的椭圆形选框工具，在图像中绘制羽化值为20像素的椭圆形，效果如图7-36所示。

13 将椭圆形选区填充为黑色，按Ctrl+T组合键调整阴影大小，并将图层混合模式设置为"正片叠底"，效果如图7-37所示。

图7-36　　　　　　　　　　图7-37

7.3　舞动的旋律

素材文件	素材\第7章\案例2_人物.jpg、案例2_背景.jpg	视频文件	视频文件\第7章\舞动的旋律.avi
源文件	源文件\第7章\舞动的旋律.psd	难度系数	★★★
技术难点	● 细致地调整选区边缘，抠取的部分要精细修改。		

　　本实例的原始图像中比较难抠取的部分就是人物的头发，通过上一实例能够知道，像这种头发的边缘要想达到比较理想的效果，就需要不断地进行精细的调整，才能得到完美的选区。原始图像和处理后的对比效果如图7-38所示。

图7-38

01 启动Photoshop CS6软件，在界面空白区域双击鼠标或者执行菜单"文件 | 打开"命令，选择随书配套光盘中的"案例2_人物.jpg"图像文件，如图7-39所示。

图7-39

02 使用工具箱中的快速选择工具 大致勾选出人物的轮廓，效果如图7-40所示。

图7-40

03 单击工具选项栏中的"调整边缘"按钮，打开"调整边缘"对话框，在"视图模式"选项组中将视图模式选择为"黑底"，可以更清楚地看到人物细节，如图7-41所示。

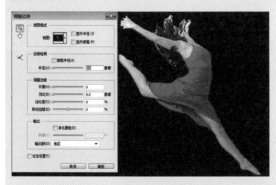

图7-41

04 接着在"边缘检测"选项组中勾选"智能半径"复选框，并调整"半径"为250像素的最大数值，使用调整半径工具 在人物的边缘部分进行涂抹，效果如图7-42所示。

图7-42

05 再将"视图模式"选项组中的视图模式设置为"黑白"，可以看到人物的身上有几处灰色的部分，然后使用抹除调整工具 进行涂抹，注意头发的边缘部分不要涂抹，效果如图7-43所示。

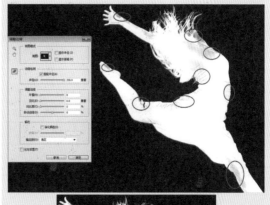

图7-43

06 涂抹后的人物效果如图7-44所示。

图7-44

07 接着再将视图模式调整为"黑底"，看一下整体效果。在"输出"选项组中勾选"净化颜色"复选框，设置"数量"为80%，效果如图7-45所示。

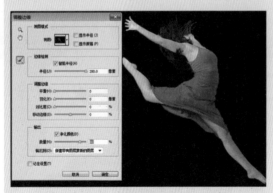

图7-45

08 在"调整边缘"对话框中单击"确定"按钮将其关闭，将人物图像抠取出来。在"图层"面板中隐藏背景图层，效果如图7-46所示。

图7-46

09 按Ctrl+O组合键，打开随书配套光盘中的"案例2_背景.jpg"图像文件。使用工具箱中的移动工具将抠取的人物拖入到刚打开的背景中，按Ctrl+T组合键，调整人物的大小，效果如图7-47所示。

图7-47

Chapter 08

第8章
使用蒙版抠图

蒙版的抠图原理与之前讲过的使用Photoshop工具（如：钢笔工具、选框工具、背景橡皮工具、套索工具等）抠图属于两种不同方式。之前所使用的工具抠图，都是选中抠取的对象，然后将所选的对象从背景中分离出来，这样的话，很有可能会把背景无意中删除，无法恢复。而蒙版就可以不破坏图像，保留背景的完整。

8.1 什么是蒙版

"蒙版"一词源于摄影，是照相馆中用来控制照片不同区域曝光的传统"暗房"技术。在Photoshop中蒙版可以用来遮盖图像，将部分图像遮住，从而控制画面的显示内容，也有人称其为"遮罩"。它不会删除图像，而是将其隐藏起来，可进行还原的一种编辑方法。

蒙版是图像合成的重要工具，Photoshop中的蒙版有很多种，主要可以分为4类，分别是图层蒙版、矢量蒙版、剪贴蒙版、快速蒙版。它们的功能和原理有很大的区别，图层蒙版是基于像素透明度的，矢量蒙版是基于矢量功能的蒙版，剪贴蒙版基于图形的形状。

8.2 图层蒙版

"图层蒙版"又叫做位图蒙版，也可以叫做像素蒙版，它在图像处理中占有重要的位置。图层蒙版是一个256级色阶的灰色图像，它遮盖在图层上面，可以遮盖图像，而本身却不可见。

在图层蒙版中，纯黑色表示蒙版区域（也叫隐藏区域）和非选区；纯白色表示非蒙版区域（也叫显示区域）和选区；灰色介于黑白之间，表示半蒙版区域（也叫半透明区域），如果灰度大于50%，则可以载入选区；如果灰度小于50%，则不可以载入选区（但选区仍然以隐藏的方式存在）。基于以上的原理，当要隐藏图像中的某些区域时，就可以添加一个蒙版，将要隐藏的区域抹黑；要呈现半透明的效果就将蒙版涂灰，如图8-1所示。

图8-1

由于图层蒙版是位图图像，几乎可以用所有的绘图工具来编辑它，例如画笔工具、渐变工具等，抠图时，如果不能精确的定位选区，不妨将选区转换为蒙版，在蒙版中使用绘图工具等进行调整。下面通过一个实例来看一下具体的操作方法。

素材文件	素材\第8章\人物.jpg、 海边.jpg	难度系数	★★★
视频文件	视频文件\第8章\图层蒙版.avi		
技术难点	● 创建图层蒙版，在蒙版中使用绘图工具涂抹修改，使抠取的人物与背景更好地融合。		

01 按Ctrl+O组合键，打开随书配套光盘中的"人物.jpg和海边.jpg"两个素材文件，如图8-2所示。

图8-2

02 使用工具箱中的移动工具 ►+ 将人物拖入到海边的背景中。单击"图层"面板底部的 "添加图层蒙版"按钮 ◙ ，创建图层蒙版，在图层的右侧会出现一个白色的缩略图，它就是蒙版，此时的图像没有任何变化，如图8-3所示。

图8-3

03 使用工具箱中的快速选择工具 ☑ 大致选中人物除外的背景，效果如图8-4所示。

图8-4

04 在蒙版选中的状态下，将工具箱中的前景色设为黑色，按Alt+Delete键在选区内填充黑色。这时可以看到人物的背景被遮挡住了，但是图像并没有删除，因为图像的缩略图仍然是完整的，如图8-5所示。

图8-5

05 按Ctrl+D组合键取消选择，按X键将前景色切换为白色，使用工具箱中的画笔工具 ☑ 在蒙版中涂抹修改，在人物的边缘还有阴影处都进行涂抹，可以看到涂抹的地方图像又重新显现出来，如图8-6所示。

图8-6

图8-7

06 这时可以看到阴影部分的右侧边缘比较生硬,选择工具箱中的渐变工具 ，颜色设置为由黑色到透明进行渐变,使阴影边缘过渡平滑,如图8-7所示。

07 现在投影看起来还是比较生硬与背景的结合不太自然,可以将前景色设为黑色,画笔的"不透明度"调整为50%,再次涂抹投影,由于调整了画笔的不透明度,涂抹出的颜色变为灰色,蒙版中的灰色使投影变淡,合成的效果更佳自然,如图8-8所示。

图8-8

8.3 矢量蒙版

矢量蒙版,也叫做向量蒙版,与图层蒙版不同的是,它通过绘制路径来创建蒙版。矢量蒙版与分辨率无关,可以任意缩放、旋转和扭曲而不会产生锯齿。创建矢量蒙版以后,可以对路径进行编辑和修改,也可以使用钢笔工具和形状工具向蒙版中添加形状,从而改变蒙版的遮盖区域。下面通过一个实例来看一下具体的操作方法。

素材文件	素材\第8章\苹果.jpg、牛仔纹理.jpg	难度系数	★★★
视频文件	视频文件\第8章\矢量蒙版.avi		
技术难点	● 创建矢量蒙版并进行调整。		

01 按Ctrl+O组合键,打开随书配套光盘中的"苹果.jpg和牛仔纹理.jpg"两个素材文件,如图8-9所示。

图8-9

02 使用工具箱中的移动工具 将牛仔布纹理拖入到苹果的图像中，注意要盖住苹果，效果如图8-10所示。此时系统自动生成"图层1"图层。

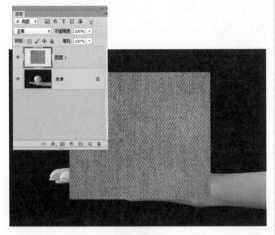

图8-10

03 在"图层1"图层的眼睛图标 处单击，将该图层隐藏，使用工具箱中的钢笔工具 将苹果用路径勾选出来，效果如图8-11所示。

图8-11

04 接着在"图层1"图层的眼睛图标 处单击，将该图层显示。执行菜单"图层 | 矢量蒙版 | 当前路径"命令，基于路径创建矢量蒙版，将路径区域以外的图像隐藏，效果如图8-12所示。

05 在"图层"面板中调整图层的混合模式为"叠加"，效果如图8-13所示。

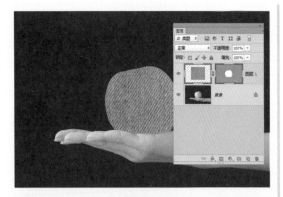

图8-12

图8-13

06 按住Ctrl键单击矢量蒙版，将其载入选区，然后在"背景"图层中调整苹果的颜色，执行菜单"图像 | 调整 | 色相/饱和度"命令，在弹出的"色相/饱和度"对话框中进行相应的调整，如图8-14所示。

图8-14

07 按Ctrl+D组合键，取消选区，原来的青苹果就变为牛仔苹果了，最终效果如图8-15所示。

图8-15

提 示

矢量蒙版只能用锚点编辑工具和钢笔工具来编辑，如果想用绘图工具来修改蒙版，可以选择蒙版，然后执行菜单"图层|栅格化|矢量蒙版"命令，将矢量蒙版转换为图层蒙版，如图8-16所示。

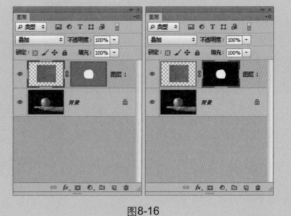
图8-16

8.4 剪贴蒙版

　　剪贴蒙版可以快速隐藏图像内容，它能够使下一图层成为上一图层（或者多个图层）的蒙版。也就是说，在剪贴蒙版组中，一个基底图层可以限定其上方多个图层的显示范围（这些图层必须是上下相邻的）。例如图8-17所示为一个普通分层的文件；如图8-18所示为创建的剪贴蒙版，可以看到人像被限定在了"图层2"图层的范围内。

图8-17

图8-18

由图8-17可以看出，剪贴蒙版的结构比较
特殊，在剪贴蒙版组中，最下面的图层叫做
"基底图层"，它的名称带有下划线；位于它
上面的图层叫做"内容图层"，它们的缩略图
都是缩进的，并且带有 图标指向基底图层，
如图8-19所示，基底图层中的透明区域相当于

图8-19

整个剪贴蒙版组的蒙版，可以将内容层中的图像隐藏起来。因此，移动基底图层，就可以改变内容
层中图像的显示区域，如图8-20所示。

图8-20

下面通过剪贴蒙版制作一个文字的特殊效果，这在实际应用中比较常见。具体操作步骤
如下。

素材文件	素材\第8章\剪贴蒙版_背景.jpg、铁锈1.jpg、铁锈2.jpg	难度系数	★★★
视频文件	视频文件\第8章\剪贴蒙版.avi		
技术难点	● 使用文字作为基底图层，就可以显示内容图层的图像，达到想要的效果。		

01 按Ctrl+O组合键，打开随书配套光盘中的"剪贴蒙版_背景.jpg"素材文件，如图8-21
所示。

图8-21

02 使用工具箱中的横排文字工具 T. 输入文字，设置字体和字号如图8-22所示。

图8-22

03 按Ctrl+O组合键，打开随书配套光盘中的"铁锈1.jpg"素材文件，如图8-23所示。

图8-23

04 使用工具箱中的移动工具 将铁锈图像拖入到背景文件中，并覆盖文字，效果如图8 24所示。此时系统自动生成"图层1"图层。

图8-24

05 按Ctrl+O组合键，打开随书配套光盘中的"铁锈2.jpg"素材文件，同样使用工具箱中的移动工具 将铁锈图像拖入到背景文件中，并覆盖文字，效果如图8-25所示。此时系统自动生成"图层2"图层。

图8-25

06 按住Ctrl键的同时选择"图层1"和"图层 2"图层，单击鼠标右键，在弹出的下拉菜单中选择"创建剪贴蒙版"命令，如图8-26所示。执行命令后的效果如图8-27所示。

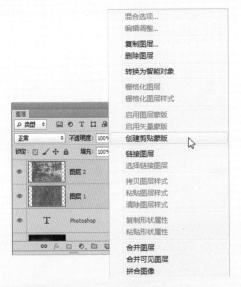

图8-26

图8-27

07 选择"图层"面板中的"图层2"图层，使其成为当前图层，并将该图层的混合模式设置为"叠加"，效果如图8-28所示。

图8-28

08 选择"基底图层"也就是文字图层，分别添加"斜面和浮雕"、"内阴影"、"光泽"和"投影"图层样式，参数设置如图8-29所示。执行图层样式后的效果如图8-30所示。

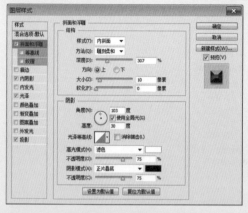
设置"斜面和浮雕"选项

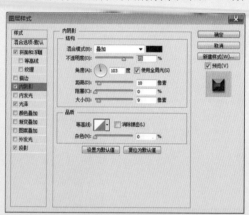
设置"内阴影"选项

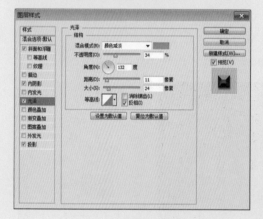
设置"光泽"选项

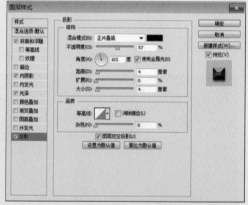
设置"投影"选项

图8-29

图8-30

09 单击"图层"面板底部的"创建新图层"按钮，在"图层2"图层的上面新建"图层3"图层，按住Ctrl键单击文字图层，将其载入文字选区，效果如图8-31所示。

图8-31

10 执行菜单"编辑 | 描边"命令，在弹出的"描边"对话框中设置描边的"宽度"为5像素，"位置"为"内部"，如图8-32所示。执行命令后的效果如图8-33所示。

图8-32

图8-33

11 按Ctrl+D组合键，取消选区。接着为"图层 3"图层添加"斜面和浮雕"和"内阴影"图层样式，参数设置如图8-34所示。在"图层"面板中将"图层3"的"不透明度"设置为40%，最终效果如图8-35所示。

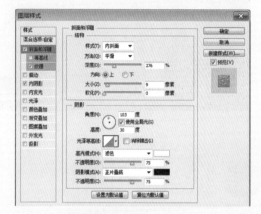

设置"斜面和浮雕"选项

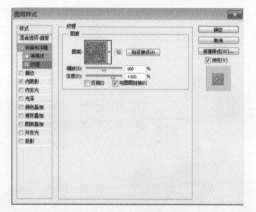

设置"斜面和浮雕-纹理"选项

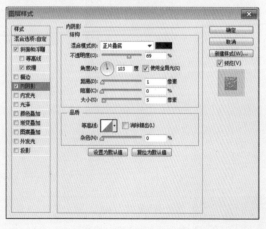

设置"内阴影"选项

图8-34

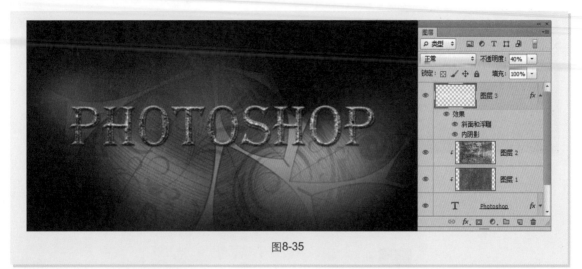

图8-35

 8.5 快速蒙版

　　快速蒙版的使用方法和图层蒙版相同，只不过快速蒙版是通过工具箱中的"快速蒙版"工具来实现的。在快速蒙版中，通常使用画笔工具 ✍ 来编辑，默认情况下，黑色表示蒙版区域和非选区；白色表示非蒙版区域和选区；灰色介于黑白之间，表示半蒙版区域也叫半透明区域（如果灰度大于50%，则可以载入选区；如果灰度小于等于50%，则不可以载入选区，选区以隐藏的方式存在），如图8-36所示。

原图

快速蒙版

抠选图像

图8-36

　　下面通过实例来看一下快速蒙版的具体操作方法。

素材文件	素材\第8章\小鸟.jpg、 快速蒙版_背景.jpg	难度系数	★★★
视频文件	视频文件\第8章\快速蒙版.avi		
技术难点	● 熟练掌握快速蒙版的使用方法。		

01 按Ctrl+O组合键，打开随书配套光盘中的"小鸟.jpg"素材文件，如图8-37所示。

图8-37

02 使用工具箱中的快速选择工具 勾选出小鸟以及下面石头的轮廓，效果如图8-38所示。

图8-38

03 单击工具箱中的"以快速蒙版模式编辑"按钮 ，创建快速蒙版，效果如图8-39所示。

04 红色的半透明部分是蒙版区域，这时可以把图像放大观察，发现在爪子和身体的一些部位背景没有被遮盖上，如图8-40所示。

图8-39

图8-40

05 将前景色设为黑色，选择工具箱中的画笔工具 ，把应该用蒙版覆盖的地方用画笔涂抹上，效果如图8-41所示。

图8-41

06 再次单击工具箱中的"以标准模式编辑"按钮 ，将蒙版转换为选区，按Ctrl+J组合键，复制选区，系统自动生成"图层1"图层，如图8-42所示。

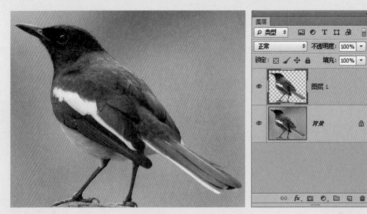

图8-42

07 按Ctrl+O组合键，打开随书配套光盘中的"快速蒙版_背景.jpg"素材文件，把刚才抠选的小鸟拖入到背景图像中，并调整大小，最终完成效果如图8-43所示。

图8-43

8.6 制作电影海报

素材文件	素材\第8章\案例1_人物.jpg、案例1_背景.jpg	视频文件	视频文件\第8章\制作电影海报.avi
源 文 件	源文件\第8章\制作电影海报.psd	难度系数	★★★
技术难点	● 使用画笔工具和渐变工具调整蒙版上的图像内容。		

在本实例制作海报的
过程中，经常会用到蒙版。
使用蒙版在处理图像时能够
使图像与背景结合的更加完
美，当然如果想达到比较理
想的效果就需要时刻观察，
对蒙版不断地修改调整。原
始图像和处理后的对比效果
如图8-44所示。

图8-44

01 启动Photoshop CS6软件，在界面空
白区域双击鼠标或者执行菜单"文
件 | 打开"命令，选择随书配套光盘中的"案
例1_人物.jpg"和"案例1_背景.jpg"图像文
件，如图8-45所示。

图8-45

02 使用工具箱中的移动工具 ⊕ 将人物图
像拖入到背景图像中，并按Ctrl+T组

合键，适当调整人物的大小，效果如图8-46
所示。

图8-46

03 在"图层"面板底部单击"创建新图层"按钮，新建"图层 2"图层，并将前景色设置为R=5、G=70、B=115的深蓝色，按Alt+Delete组合键填充颜色，效果如图8-47所示。

图8-47

04 将"图层2"图层的混合模式设置为"颜色"，效果如图8-48所示。

图8-48

05 在"图层"面板中选择人物图层（即"图层1"图层），单击面板底部的"添加图层蒙版"按钮，新建图层蒙版，效果如图8-49所示。

图8-49

06 选择工具箱中的渐变工具，颜色设置为由白色到黑色进行渐变，把人物的边缘处理一下，效果如图8-50所示。

图8-50

07 选择工具箱中的画笔工具，选用柔角画笔对蒙版进行编辑。在涂抹的过程中可以按"["或"]"键来调整画笔的大小，如图8-51所示。涂抹后的效果如图8-52所示。

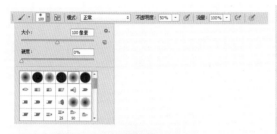

图8-51

图8-52

08 将人物图层（即"图层1"图层）拖动到面板底部的"创建新图层"按钮 □上，复制"图层 1"图层，系统自动生成"图层1 副本"图层，然后拖动"图层1 副本"图层到颜色图层（即"图层2"图层）的上面，效果如图8-53所示。

图8-53

09 单击"图层1 副本"图层的蒙版，选择工具箱中的画笔工具 ，选用柔角画笔对蒙版进行编辑，保留人物右眼的一部分，其他部分都隐藏起来，效果如图8-54所示。

图8-54

10 将"图层1 副本"图层的"不透明度"设置为70%，效果如图8-55所示。

图8-55

11 在图像的右下角输入文字，并双击文字图层，分别添加"描边"、"渐变

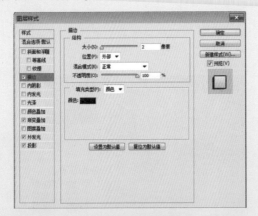
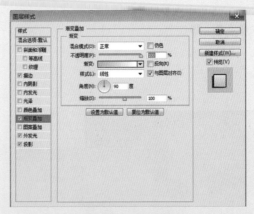

叠加"、"外发光"和"投影"图层样式，参数设置如图8-56所示。执行图层样式后的最终效果如图8-57所示。

设置"描边"选项　　　　　　　　　设置"渐变叠加"选项

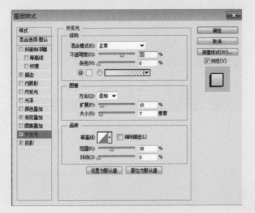
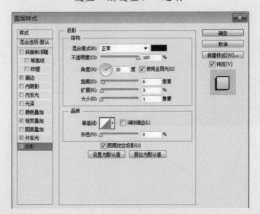

设置"外发光"选项　　　　　　　　设置"投影"选项

图8-56

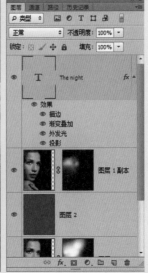

图8-57

8.7 为黑白照片上色

素材文件	素材\第8章\案例2_人物.jpg	视频文件	视频文件\第8章\为黑白照片上色.avi
源 文 件	源文件\第8章\为黑白照片上色.psd	难度系数	★★★
技术难点	● 利用蒙版调整图像的颜色。		

在人们的日常生活中常常会有把黑白照片变为彩色照片的想法。本实例就利用蒙版来解决这个问题，处理时需要把蒙版和调整颜色的工具结合起来使用。原始图像和处理后的对比效果如图8-58所示。

图8-58

01 启动Photoshop CS6软件，在界面空白区域双击鼠标或者执行菜单"文件 | 打开"命令，选择随书配套光盘中的"案例2_人物.jpg"图像文件，如图8-59所示。

图8-59

02 将"背景"图层拖到"图层"面板底部的"创建新图层"按钮上，复制"背景"图层，将其命名为"基础图层"，并在该图层上创建蒙版，蒙版填充为黑色，效果如图8-60所示。

图8-60

03 将"基础图层"图层拖到"图层"
面板底部的"创建新图层"按钮 🔲
上,复制"基础图层"图层,将其命名为"皮
肤"。将前景色设置为白色,选中"皮肤"图
层的蒙版,使用画笔工具 ✐ 在人物的脸、脖
子和手部位涂抹,效果如图8-61所示。

图8-63

图8-61

04 选中"皮肤"图层的缩略图,按Ctrl+U
组合键,打开"色相/饱和度"对话
框,在该对话框中调整颜色,如图8-62所示。
改变皮肤的颜色,效果如图8-63所示。

05 再次将"基础图层"图层拖到"图
层"面板底部的"创建新图层"按钮
🔲 上,复制"基础图层"图层,将其命名为
"头发"。将前景色设置为白色,选中"头
发"图层的蒙版,使用画笔工具 ✐ 在人物的
头发处涂抹,效果如图8-64所示。

图8-64

06 选中"头发"图层的缩略图,按Ctrl+U
组合键,打开"色相/饱和度"对话
框,在该对话框中调整颜色,如图8-65所示,
改变头发的颜色,效果如图8-66所示。

图8-62

图8-65

图8-66

07 接着再将"基础图层"图层拖到"图层"面板底部的"创建新图层"按钮上，复制"基础图层"图层，将其命名为"帽子"。将前景色设置为白色，选中"帽子"图层的蒙版，使用画笔工具在人物的帽子处涂抹，效果如图8-67所示。

图8-67

08 选中"帽子"图层的缩略图，按Ctrl+U组合键，打开"色相/饱和度"对话框，在该对话框中调整颜色，如图8-68所示。改变帽子的颜色，效果如图8-69所示。

图8-68

图8-69

09 继续将"基础图层"图层拖到"图层"面板底部的"创建新图层"按钮上，复制"基础图层"图层，将其命名为"花朵"。将前景色设置为白色，选中"花朵"图层的蒙版，使用画笔工具在花朵处涂抹，效果如图8-70所示。

图8-70

10 选中"花朵"图层的缩略图，按 Ctrl+U组合键，打开"色相/饱和度"对话框，在该对话框中调整颜色，如图8-71所示。改变花朵的颜色，效果如图8-72所示。

图8-71

图8-73

图8-74

图8-72

11 继续将"基础图层"图层拖到"图层"面板底部的"创建新图层"按钮上，复制"基础图层"图层，将其命名为"枝叶"。将前景色设置为白色，选中"枝叶"图层的蒙版，使用画笔工具在枝叶处涂抹，效果如图8-73所示。

12 选中"枝叶"图层的缩略图，按 Ctrl+U组合键，打开"色相/饱和度"对话框，在该对话框中调整颜色，如图8-74所示。改变枝叶的颜色，效果如图8-75所示。

图8-75

13 继续将"基础图层"图层拖到"图层"面板底部的"创建新图层"按钮上，复制"基础图层"图层，将其命名为"袖子"。将前景色设置为白色，选中"袖子"图层的蒙版，使用画笔工具 ✐ 在袖子处涂抹，效果如图8-76所示。

图8-76

14 选中"袖子"图层的缩略图，按Ctrl+U组合键，打开"色相/饱和度"对话框，在该对话框中调整颜色，如图8-77所示。改变袖子的颜色，效果如图8-78所示。

图8-77

图8-78

15 继续将"基础图层"图层拖到"图层"面板底部的"创建新图层"按钮 🔲 上，复制"基础图层"图层，将其命名为"领子"。将前景色设置为白色，选中"领子"图层的蒙版，使用画笔工具 ✐ 在领子处涂抹，效果如图8-79所示。

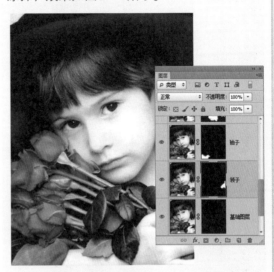

图8-79

16 选中"领子"图层的缩略图，按Ctrl+U组合键，打开"色相/饱和度"对话框，在该对话框中调整颜色，如图8-80所示。改变领子的颜色，效果如图8-81所示。

17 现在大体的颜色基本都调整好了，下一步就是要进行细节的调整。首先把图像放大，可以发现人物的耳朵还是灰色的，没有颜色。在"图层"面板中选择"皮肤"图层，使其成为当前图层，使用白色画笔工具进行涂抹，效果如图8-82所示。

图8-80

图8-81

图8-82

18 此时还发现眼睛的部位里面有些发黄，这是由于"皮肤"图层调整颜色的结果，我们只需编辑"皮肤"图层中的蒙版即可。继续使"皮肤"图层为当前图层，再使用黑色画笔工具将眼睛部位覆盖，效果如图8-83所示。

19 嘴唇的颜色也不够自然，按照前面上色的方法，为人物的嘴唇上色。首先将"基础图层"图层拖到"图层"面板底部的"创建新图层"按钮上，复制"基础图层"图层，将其命名为"嘴唇"，然后把"嘴唇"图层拖到"皮肤"图层的上面，前景色设置为

白色，选中"嘴唇"图层的蒙版，使用画笔工具 在嘴唇处涂抹，效果如图8-84所示。

图8-83

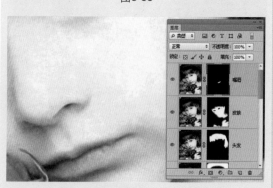

图8-84

20 选中"嘴唇"图层的缩略图，按Ctrl+U组合键，打开"色相/饱和度"对话框，在该对话框中调整颜色，注意颜色不要太鲜艳，自然就好，如图8-85所示。改变嘴唇的颜色，效果如图8-86所示。

21 接下来精细地调整各个图层蒙版，把颜色多余的部分用黑色覆盖掉，要显示出来的部分用白色显示出来。在修改的过程中，可以按"["和"]"键随时调整画笔的大小。完成后的最终效果如图8-87所示。

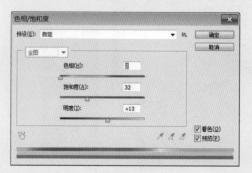

图8-85

图8-86

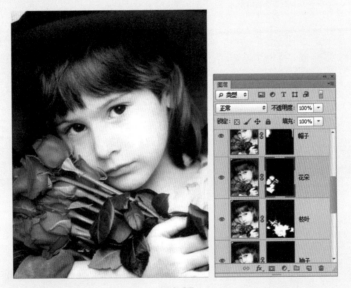

图8-87

Chapter 09

第9章
使用通道抠图

图层、通道、蒙版是Photoshop中最核心的三大功能，很多初学者看到通道都会觉得头疼，不知从何入手，也比较难以理解。但很多高级图像的处理技巧都要借助于通道才能实现，同时通道又具有很强的可编辑性，如色彩的选择、选区的调整等。利用通道可以精确地选择复杂选区，在很多高级抠图中也是最常用的功能。

9.1 什么是通道

"通道"一词在英文版中叫做Channel，在通道中记录了图像的大部分信息，而这些信息都是与图像的操作密不可分的。

9.1.1 通道的分类和用途

在Photoshop中提供了3种类型的通道，即颜色通道（用于保存原始颜色的通道）、专色通道（用于保存专色的通道）、Alpha通道（用于保存选区的通道）。其中，Alpha通道可以用于存储和编辑选区，专色通道和颜色通道与色彩有关，它们也包含选区，但是不能用于修改选区，也不能存储新的选区，如图9-1所示。

图9-1

1. 颜色通道

颜色通道用于保存色彩，用户可以通过调整颜色通道的明度来改变图像的颜色。下面根据图像处理来作详细讲解。

首先在Photoshop中打开一张RGB模式的图像，如图9-2所示。执行菜单"窗口｜通道"命令，打开"通道"面板，此时可以看到一个RGB的复合通道和红、绿、蓝3个颜色通道，如图9-3所示。

图9-2

图9-3

从图9-3中的"通道"面板可以看出，红、绿、蓝通道分别保存了红色、绿色、蓝色3种颜色，它们按照不同的比例混合便生成了绚丽的色彩，也就是复合通道中所看到的彩色图像。在颜色通道中，灰色代表了该通道颜色的含量，越亮的区域表示包含大量的对应颜色，越暗的区域表示对应的颜色越少。如果要在图像中增加某种颜色，只要将相应的通道调亮即可，要减少某种颜色，则将相应的通道调暗。

执行菜单"图像｜调整｜曲线"命令，打开"曲线"对话框。在该对话框中可以看到包含了"通道"选项，选择"蓝"通道，在曲线上单击增加控制点，然后向上拖动该点，将"蓝"通道调亮，如图9-4所示，可以看到图像中增强了蓝色的效果。

图9-4

如果在曲线上向下拖动控制点，将"蓝"通道调暗，则会减少蓝色。同时，蓝色的补色黄色会相应地增强，如图9-5所示。

图9-5

2. 专色通道

专色通道就是用来存储印刷中使用的专色的通道。专色（又叫特别色、预混色或点色），它是特殊的混合色，如荧光色、金色、银色等，用于替代或补充印刷色（CMYK）油墨，因为印刷色始终是无法展现出金属和荧光的色彩。专色在电脑屏幕不能直观地显示，只有印刷后才能看到效果。专色通道通常使用油墨的名称来命名。

3. Alpha通道

Alpha通道主要用于存储选区，可以将创建的选区保存起来，需要的时候，可重新载入到图像中使用，也可以理解为选区通道。在保存选区时，它会将选区转换为灰度图像，存储于通道中。

Alpha通道与图层蒙版类似，可以像编辑蒙版或其他图像那样使用绘画工具、调整工具、钢笔工具、选框和套索工具等来编辑它，通道是最强大的抠图工具，几乎所有的抠图工具、选区编辑命令、图像编辑工具都能在通道中编辑选区。

在Alpha通道中，黑色区域表示非选区部分，白色区域表示选区部分，灰色区域介于黑白之间，可以被部分选中的区域，即羽化的区域。如果灰度大于50%，则可以载入选区；如果灰度小于50%时，则不可以载入选区。

下面将通过实例来针对Alpha通道的特征进行演示，以便于用户更好地理解。

01 按Ctrl+O组合键，打开如图9-6所示的素材文件。

图9-6

02 使用工具箱中的椭圆选框工具〇，在图像上绘制一个椭圆形。执行菜单"选择|存储选区"命令，在打开的"存储选区"对话框中按照默认值，直接单击"确定"按钮，如图9-7所示。

03 打开"通道"面板，就会发现在面板中通道的下面多了一个Alpha通道，并且白色的区域与刚才绘制的椭圆形是相同的，如图9-8所示。

图9-7

图9-8

04 在"通道"面板的底部单击"创建新通道"按钮，添加一个新的Alpha通道，系统会自动命名为Alpha2，使用画笔工具在Alpha2通道中涂抹白色，效果如图9-9所示。

05 按Ctrl+2组合键返回复合通道，也就是由通道编辑状态转换到图层编辑状态。按住Ctrl键，再单击Alpha2通道就可以将Alpha2通道白色的部分作为选区载入，如图9-10所示。

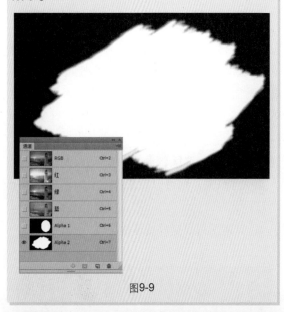

图9-9

图9-10

📅 提 示

由于Alpha通道属于灰度图像，用户可以像在灰度图像上那样编辑Alpha通道。凡是能在灰度图像上能用的工具和菜单命令，在Alpha通道上一样可以使用。只不过灰度图像没有饱和度，只有亮度；因此，在Alpha通道上选择彩色画笔涂抹只能变成灰色。

9.1.2 通道的基本操作方法

1. 新建通道

单击"通道"面板底部的"创建新通道"按钮，即可新建一个Alpha通道，如图9-11所示。

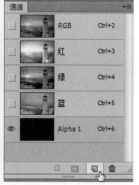

图9-11

如果图像中创建了一个选区，则单击"将选区存储为通道"按钮  ，可以将选区保存到Alpha 通道中，如图9-12所示。

图9-12

> 📅 **提　示**
>
> 通道数量的最大限度是56个，增加通道不会像添加图层那样明显地增加文件大小，因为对于 Photoshop来说，添加通道只不过是增加了8位的灰度图像而已，除位图模式的图像外，其他类型的图像 都可以添加通道。

2. 复制通道

将一个通道拖动到"创建新通道"按钮 🔲 上，即可复制该通道，如图9-13所示。如果在 Photoshop中同时打开多个图像文件，可以使用工具箱中的移动工具 ➤ 将一个图像的通道拖动到其 他文档的通道中。

图9-13

> 📅 **提　示**
>
> 复制的颜色通道并不是颜色通道的副本，而是Alpha通道。除了灰度信息完全一样外，它与颜色通道 没有任何联系。

3. 重命名通道

颜色通道和复合通道不可以重命名。Alpha通道和专色通道可以重命名，只需双击通道的名 称，在显示的文本框中输入新名称，然后按回车键即可，如图9-14所示。

图9-14

4. 删除通道

单击选中一个通道，然后按"删除当前通道"按钮🗑，就会弹出"删除"提示框，单击"是"按钮即可。

单击一个通道将其选中，然后将其拖动到"删除当前通道"按钮🗑上，即可删除该通道。

如果删除的是颜色通道，则图像会转换为多通道模式，并合并所有图层。

 ## 9.2　通道抠图技法

使用通道抠图实际上最终是要在通道中将需要抠图的不透明部分设置成白色的区域，半透明部分设置成灰色，透明部分设置成黑色。使用通道抠图离不开选区，通过前面所讲，可以知道Photoshop通道分为颜色通道（颜色通道和专色通道）和Alpha通道，而保存选区的通道就是Alpha通道，所以Alpha通道在抠图中占有至关重要的地位。

使用通道抠图的关键就是学会使用Alpha通道，而使用Alpha通道制作选区的关键在于如何正确地分出黑色、白色和灰色部分。

下面通过一个实例讲解通道抠图的基本方法与技巧。

素材文件	素材\第9章\郁金香.jpg	难度系数	★★★
视频文件	视频文件\第9章\抠取花朵.avi		
技术难点	● 在Alpha通道中正确区分黑色、白色和灰色的部分。		

01 按Ctrl+O组合键，打开随书配套光盘中的"郁金香.jpg"素材文件，如图9-15所示。

02 打开"通道"面板，开始观察找出前景色和背景色对比度比较大的通道并将其复制。在图9-15所示的图像中选用的是"蓝"通道，将其复制得到一个Alpha通道（即"蓝 副本"通道），如图9-16所示。

图9-15

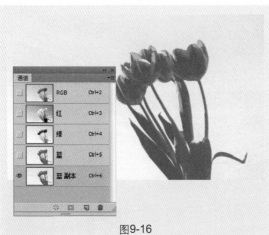

图9-16

03 在"蓝 副本"通道中使用工具箱中的画笔工具 ✒️、加深工具 ✋ 或减淡工具 🔍，在花与背景中涂抹，使它们的对比更大，如图9-17所示。

图9-17

04 按B键选择画笔工具，在"蓝 副本"通道中将花和枝叶的部分涂抹黑色，如图9-18所示。

图9-18

05 按Ctrl+I组合键，将通道反相，效果如图9-19所示。

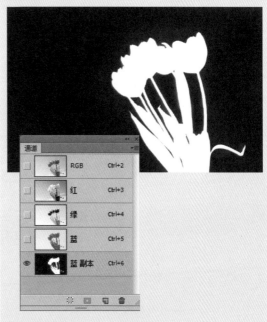

图9-19

06 按Ctrl+L组合键，打开"色阶"对话框，拖动滑块，使前景色和背景色明显分开，如图9-20所示。

图9-20

165

07 按住Ctrl键并在Alpha通道（即"蓝 副本"通道）中单击载入选区。按Ctrl+2组合键返回
到"图层"面板，再按Ctrl+J组合键，将选区内的图像复制，系统自动生成"图层1"图
层，如图9-21所示。

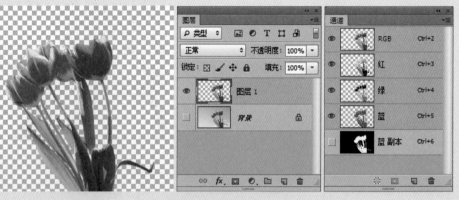

图9-21

08 将抠取出来的图像使用移动工具拖入到一个背景文件中，完成最终效果如图9-22
所示。

图9-22

通过上面的实例，可以总结出使用Alpha通道抠图的以下几点：

（1）观察图像通道，选择对比度比较大的通道复制成Alpha通道，这一步看似简单，实际上非
常重要，也是最容易出错的地方，它的选择直接决定了抠图的成败，要充分理解在抠图中前景和背
景的区别。保留的部分就是前景，删除和隐藏的部分就是背景。

（2）使用各种工具如画笔工具、加深工具、减淡工具等在前景与背景之间涂抹，使其对比度
最大化。也可以搭配使用色阶或者曲线等命令调节画面，调整Alpha通道中的黑白分布。总之，就
要通过各种方法将保留图像的部分变成白色，将被删除或隐藏的部分变成黑色，羽化或半透明的部
分变成不同程度的灰色。

（3）载入Alpha通道的选区，复制选区图像，抠图完成。

9.3　使用通道抠取婚纱

素材文件	素材\第9章\案例1_人物.jpg、案例1_背景.jpg	视频文件	视频文件\第9章\抠取婚纱.avi
源 文 件	源文件\第9章\抠取婚纱.psd	难度系数	★★★★
技术难点	● 利用通道来抠取婚纱，难点在于婚纱的透明处理。		

　　要想抠取出婚纱，达到最好的效果，就需要利用通道进行抠取。在抠取的时候需要仔细观察选择合适的颜色通道进行复制，最终要在通道中处理好黑白灰的关系。原始图像和处理后的对比效果如图9-23所示。

图9-23

01　启动Photoshop CS6软件，在界面空白区域双击鼠标或者执行菜单"文件 | 打开"命令，选择随书配套光盘中的"案例1_人物.jpg"图像文件，如图9-24所示。

图9-24

02　选择工具箱中的钢笔工具，在工具选项栏中选择绘图方式为"路径"，沿着人物的轮廓绘制路径。绘制时要注意避开半透明的婚纱部分，选取人物的轮廓，如图9-25所示。

图9-25

03 按Ctrl+回车键，将路径转换为选区。单击"通道"面板底部的"将选区保存为通道"按钮，将选区保存到通道中，这样就得到一个人物的Alpha通道。按Ctrl+D组合键取消对选区的选择，效果如图9-26所示。

图9-26

04 现在可以仔细观察红、绿、蓝3个通道，通过对比，在此可以选择"绿"通道来制作半透明的婚纱选区，如图9-27所示。

"红"通道　　　　　　　　　　"绿"通道　　　　　　　　　　"蓝"通道

图9-27

05 将"绿"通道拖动到"创建新通道"按钮上，将其进行复制，得到"绿 副本"通道，选择工具箱中的快速选择工具，在人物的背景上单击选择背景，如图9-28所示。

图9-28

06 将前景色设置为黑色，按Alt+Delete组合键，在选区内填充黑色，然后按Ctrl+D组合键，取消对选区的选择，如图9-29所示。

图9-29

07 通过放大图像可以发现在婚纱的边缘部分还是有残留的背景透过来，在此可以使用加深工具或减淡工具进一步修改，效果如图9-30所示。

处理前

处理后

图9-30

08 现在已经在通道中制作了两个选区，第一个选区中包含了人物的身体（即完全不透明区域），第二个选区中包含半透明的婚纱。下面通过选区运算，将这两个选区合成为一个完整的人物婚纱选区。执行菜单"图像 | 计算"命令，打开"计算"对话框，让"绿 副本"通道与Alpha 1通道采用"相加"模式混合，单击"确定"按钮，得到一个新的Alpha通道，该通道就是我们所要的通道，如图9-31所示。

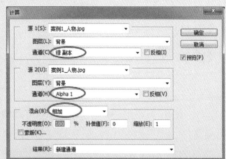

图9-31

09 按住Ctrl键单击Alpha 2通道，载入婚纱选区。按Ctrl+2组合键返回到RGB复合通道，也就是图像的编辑状态，如图9-32所示。

图9-32

10 单击"图层"面板底部的"添加图层蒙版"按钮▣，Photoshop会自动将"背景"图层转换为普通图层，如图9-33所示。

图9-33

11 按Ctrl+O组合键，打开随书配套光盘中的"案例1_背景.jpg"图像文件，将抠取出来的婚纱图像拖入到该文件中，效果如图9-34所示。

12 这时候可以发现人物整体有些暗，将该图层的混合模式设置为"滤色"，"不透明度"设置为90%，效果如图9-35所示。

图9-34

图9-35

13 这时会发现婚纱的部分已经处理完了，但是人物的部分还需要进一步处理。将"图层 1"图层拖到"图层"面板底部的"创建新图层"按钮▣上，得到一个"图层1副本"图层，将图层混合模式设置为"正常"，效果如图9-36所示。

图9-36

14 选择"图层1 副本"图层的蒙版，选用一个柔角画笔，将"不透明度"设置为50%，前景色设置为黑色，对蒙版进行编辑，把婚纱的部分用黑色涂抹掉，效果如图9-37所示。

15 如果感觉人物的皮肤颜色比较暗，那么也可以在"图层1 副本"图层的蒙版中，使用"不透明度"为10%的柔角画笔工具，使用黑色在人物皮肤处进行涂抹，完成最终效果如图9-38所示。

图9-37

图9-38

 ## 9.4　通道抠取复杂卷发

素材文件	素材\第9章\案例2_人物.jpg、案例2_背景.jpg	视频文件	源文件\第9章\抠取复杂卷发.avi
源 文 件	源文件\第9章\抠取复杂卷发.psd	难度系数	★★★★
技术难点	● 人物的头发颜色比较浅，边缘比较凌乱与背景比较接近。 ● 背景不是单一颜色，是不同明暗度的蓝色。		

　　人物的头发是比较常见又比较难抠取的对象之一，在本实例中就要抠取带有复杂卷发的人物。人物的头发颜色比较浅，而且背景的颜色对头发的影响又特别明显，要想准确地选择还是有一定的难度的。要想在通道中得到完美的选区，就要想尽办法让人物与背景对比更强烈，细节展现更精准。本实例就采用调整黑白与通道结合的方法来抠取图像。原始图像和处理后的对比效果如图9-39所示。

图9-39

01 启动Photoshop CS6软件，在界面空白区域双击鼠标或者执行菜单"文件 | 打开"命令，选择随书配套光盘中的"案例2_人物.jpg"图像文件，如图9-40所示。

图9-40

02 在"图层"面板中的"背景"图层上单击鼠标右键，在弹出的快捷菜单中选择"复制图层"命令，如图9-41所示。

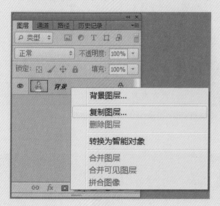

图9-41

03 在打开的"复制图层"对话框中名称默认为"背景 副本"，如图 9-42 所示。

图9-42

04 在"背景 副本"图层中执行菜单"图像 | 调整 | 黑白"命令，使人物与背景形成强烈对比，背景为白色，注意头发的边缘细节保留，如图9-43所示。

图9-43

05 使"背景 副本"图层处于当前图层，打开"通道"面板，分别查看红色、绿色、蓝色通道的颜色对比。在本例中选择"蓝"通道，在"蓝"通道上单击鼠标右键，在弹出的快捷菜单中选择"复制通道"命令，如图9-44所示。

图9-44

06 在打开的"复制通道"对话框中名称默认为"蓝 副本"，如图 9-45 所示。

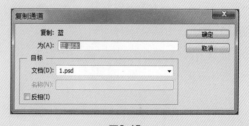

图9-45

07 在"蓝 副本"通道中，执行菜单"图像 | 调整 | 色阶"命令，调整图像，效果如图 9-46所示。

深工具或者减淡工具进行编辑，效果如图 9-49所示。

图9-48

图9-46

08 在"蓝 副本"通道中，执行菜单"图像 | 调整 | 反相"命令，调整图像，效果如图 9-47所示。

处理前

图9-47

处理后

图9-49

09 按B键，选择工具箱中的画笔工具，在"蓝 副本"通道中把美女的脸部、胳膊、胸部需要保留的部位涂抹成白色，背景涂抹成黑色，头发边缘部分为灰色，效果如图 9-48所示。

11 在"通道"面板中，按住Ctrl 键的同时单击"蓝 副本"通道，使其载入该通道选区；按Ctrl+2组合键返回到"背景"

10 在"蓝 副本"通道中，头发的边缘部分还需要近一步细化，这时就用加

📅 提 示

使用画笔工具时，需要在该工具选项栏中随时更改画笔的直径、不透明度、流量参数。在通道中添加颜色也不局限于画笔工具，选区工具、钢笔工具、加深工具、减淡工具都可以使用，只要能达到黑白分明的效果就可以，头发的边缘部分注重细节的展现，需要有灰色过渡，才会更加自然。

图层；按Ctrl+J组合键将选区的图像复制，得到一个新的"图层 1"图层，把"背景 副本"和"背景"图层隐藏，完成抠图，效果如图9-50所示。

图9-50

12 按Ctrl+O组合键，打开随书配套光盘中的"案例2_背景.psd"图像文件，将抠取出的人像拖拽到刚打开的背景文件中，适当调整一下人像的位置及大小，人像所在的图层名称为"图层1"图层，效果如图9-51所示。

图9-51

13 使"图层1"图层为当前图层，执行菜单"图像 | 调整 | 色彩平衡"命令，在打开"色彩平衡"对话框中分别对阴影、中间调、高光进行调整，如图9-52所示。

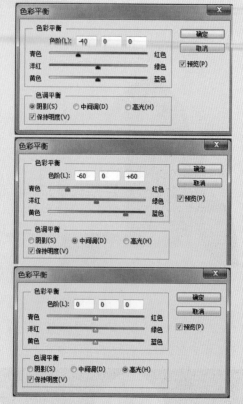

图9-52

14 调整色彩平衡后，从整体效果上看人物与背景更加融合。完成最终效果如图 9-53 所示。

图9-53

Chapter 10

第10章
使用混合模式抠图

混合模式变化莫测，可以在图像之间、绘图中，也可以在通道之间进行混合。它广泛应用于图像合成以及效果图的制作等领域，也是高级调色和抠图中不可缺少的技术手段之一。通过前面几章的讲解可以发现，抠图不是一个命令或者一个工具就可以完成的，还需要一些工具和命令的辅助，用户掌握的知识点越多，那么抠图就会越灵活，越来越得心应手。

10.1　混合模式

混合模式可以改变像素的混合效果，在Photoshop中随时可以看到它的身影，无论是在"图层"面板、绘画工具的选项栏，还是在图层样式的对话框、"应用图像"和"计算"命令的对话框中，都可以找到，可见混合模式的重要性。

- "图层"面板中的混合模式是最常见也是最常用的混合模式，它可以让上下相邻图层中的像素混合，使图像发生改变，如图10-1所示。

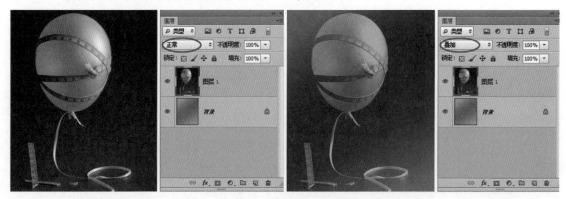

图10-1

- 在绘画工具中，如画笔工具、渐变工具等都可以在工具选项中设置混合模式，使绘画的效果按照设定的模式与当前图层中的像素混合，如图10-2所示。

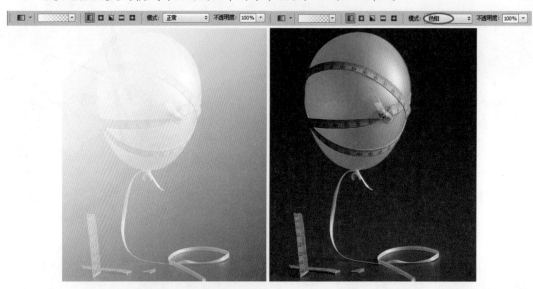

图10-2

- 在"图层样式"对话框中设置混合模式，可以使添加的效果与当前操作图层中的像素混合，如图10-3所示。
- 在菜单"图像"下的"应用图像"和"计算"命令对话框中也有混合模式，与前面混合模式不同的是，"应用图像"和"计算"命令中的混合模式不但可以应用于图层之间，而且可以应用于通道之间，它的用法和效果类似于图层混合模式，如图10-4所示。

图10-3

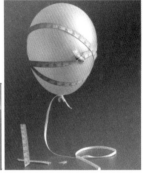

图10-4

下面就来针对在抠图中常用的图层混合模式进行详细的讲解。在此列举的图像是一个PSD的分层文件，图像在"背景"图层，"图层1"图层是一个绿色到透明的渐变，如图10-5所示。将"图层1"图层的混合模式进行调整，看一下具体的原理和效果。

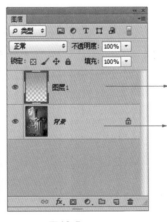

绿色到透明渐变

背景图像

图10-5

- 正常模式：默认的混合模式，通过调整不透明度可以使当前图像与底层图像产生混合效果，图层的"不透明度"为100%时，完全遮盖下面图像，如图10-6所示。
- 溶解模式：通过"不透明度"的调整可以创建点状喷雾式的颗粒，"不透明度"值越

低，像素点越分散，如图10-7所示。

- 变暗模式：比较两个图层，当前图层中较亮的像素会被底层较暗的像素替换，亮度值比底层像素低的像素保持不变，如图10-8所示。

- 正片叠底：查看每个通道中的颜色信息，将当前图层中的像素与底层的像素混合，混合出的颜色总是比较暗的颜色。要注意的是当前图层中的像素与底层的白色混合时保持不变，与底层的黑色混合时会被其替换，如图10-9所示。

| 图10-6 | 图10-7 | 图10-8 | 图10-9 |

- 颜色加深：可以保留底层图像的白色区域，通过增加对比度来加强深色区域，如图10-10所示。

- 线性加深：它的效果与正片叠底的模式相似，但产生的对比效果更强烈，可以保留下面图像更多的颜色信息，相当于正片叠底与颜色加深模式的组合，如图10-11所示。

- 深色模式：比较两个图层中所有通道值的总和并显示值较小的颜色，不会生成第三种颜色，如图10-12所示。

- 变亮模式：比较并显示当前图像比下面图像亮的区域，当前层中较亮的像素会替代底层较暗的像素，而较暗的像素则被底层较亮的像素替换，它的效果与"变暗"模式的效果正好相反，如图10-13所示。

| 图10-10 | 图10-11 | 图10-12 | 图10-13 |

- 滤色模式：可以使图像产生漂白的效果。它与"正片叠底"模式的效果相反，此效果类似于多个摄影幻灯片在彼此之上投影，如图10-14所示。

- 颜色减淡：可以加亮底层图像，同时使颜色更加饱和，由于对暗部区域的改变有限，因而可以保留较好的对比度，与"颜色加深"模式的效果相反，如图10-15所示。

● 线性减淡（添加）：与"线性加深"模式的效果相反。通过亮度来减淡颜色，比"滤色"模式的对比效果更加强烈，如图10-16所示。

● 浅色模式：比较两个图层中所有通道值的总和并显示值较大的颜色，不会生成第三种颜色，如图10-17所示。

图10-14　　　　　　　　图10-15　　　　　　　　图10-16　　　　　　　　图10-17

● 叠加模式：为底层图像添加颜色时，保持底层图像的高光和暗调，如图10-18所示。

● 柔光模式：当前图层中的颜色决定了图像变亮或是变暗，可以产生比叠加模式或强光模式更为精细的效果（如果当前图层中的像素比50%灰色亮，则图像变亮；如果当前图层中的像素比50%灰色暗，则图像变暗），如图10-19所示。

● 强光模式：可以增加图像的对比度。此效果与耀眼的聚光灯照在图像上相似（如果当前图层中的像素比50%灰色亮，则图像变亮；如果当前图层中的像素比50%灰色暗，则图像变暗），如图10-20所示。

● 亮光模式：可以使图像产生一种明快感，混合后的颜色更加饱和（如果当前图层中的像素比50%灰色亮，则通过减小对比度的方式使图像变亮；如果当前图层中的像素比50%灰色暗，则通过增加对比度的方式使图像变暗），如图10-21所示。

图10-18　　　　　　　　图10-19　　　　　　　　图10-20　　　　　　　　图10-21

● 线性光：可以使图像产生更高的对比度，从而使更多的区域变为黑色和白色（如果当前图层中的像素比50%灰色亮，则通过增加亮度使图像变亮；如果当前图层中的像素比50%灰色暗，则通过减小亮度使图像变暗），如图10-22所示。

179

- 点光模式：根据当前图层的像素替换颜色，用于制作特效（如果当前图层中的像素比50%灰色亮，则替换暗的像素；如果当前图层中的像素比50%灰色暗，则替换亮的像素），如图10-23所示。

- 实色混合：可以增加颜色的饱和度，使图像产生色调分离的效果，如图10-24所示。

- 差值模式：当前图层中的白色区域会使图像产生反相的效果，黑色不会对底层图像产生影响，如图10-25所示。

图10-22   图10-23   图10-24   图10-25

- 排除模式：与"差值"模式相似，比"差值"模式产生的效果更加柔和，对比度更低，如图10-26所示。

- 减去模式：可以从目标通道中相应的像素上减去源通道中的像素值，如图10-27所示。

- 划分模式：查看各个通道中的颜色信息，从基色中划分混合色，如图10-28所示。

- 色相模式：可以将当前图层中的颜色应用到底层图像中，同时保持底层图像的亮度和饱和度，如图10-29所示。

图10-26   图10-27   图10-28   图10-29

- 饱和度：可以将当前图层的饱和度应用到底层的图像中，从而改变底层图像的饱和度，但不会改变底层图像的亮度和色相，如图10-30所示。

- 颜色模式：可以将当前图层的色相与饱和度应用到底层图像中，但保持底层图像的亮度不变，如图10-31所示。

- 明度模式：可以将当前图层的亮度应用到底层图像中，从而改变底层图像的亮度，但不会改变底层图像的色相和饱和度，如图10-32所示。

图10-30

图10-31

图10-32

10.2　混合模式去除背景

素材文件	素材\第10章\案例1_树苗.jpg、案例1_背景.jpg	视频文件	视频文件\第10章\去除背景.avi
源 文 件	源文件\第10章\去除背景.psd	难度系数	★★
技术难点	● 根据素材来选择合适的混合模式。		

　　为了更好地理解使用混合模式来抠取图像，本例选择一个比较简单的图像，这样更加直观。原始图像和处理后的对比效果如图10-33所示。

图10-33

01　启动Photoshop CS6软件，在界面空白区域双击鼠标或者执行菜单"文件 | 打开"命令，选择随书配套光盘中的"案例1_树苗.jpg"和"案例1_背景.jpg"图像文件，如图10-34所示。

图10-34

背景立刻消失了，如图10-36所示。此时可以发现本实例不用任何的抠图工具也完成了一样的效果，而且一步到位，非常简单。

图10-35

02 在"案例1_树苗.jpg"文件中树苗的背景是白色的，用魔棒工具或快速选择工具选择背景，再经选区反选，把白色的背景删除，就能够将树苗抠选出来，但要注意一些细节的处理。现在就用一种更简单的方法，只需一步即可，那就是利用图层的混合模式。使用工具箱中的移动工具 ⊕ 将树苗拖入到背景中，如图10-35所示。

03 将"图层1"图层的混合模式设置为"正片叠底"，这时可以看到白色的

图10-36

10.3　混合模式抠取酒杯

素材文件	素材\第10章\案例2_酒杯.jpg、案例2_背景.jpg	视频文件	视频文件\第10章\抠取酒杯.avi
源 文 件	源文件\第10章\抠取酒杯.psd	难度系数	★★★★
技术难点	● 酒杯透明度的处理。		

　　抠取透明的酒杯，难点就在于透明度的展现，外形的抠取可以利用钢笔工具或者快速选择工具，透明的处理可以使用图层混合模式来实现。原始图像和处理后的对比效果如图10-37所示。

图10-37

01 启动Photoshop CS6软件，在界面空白区域双击鼠标或者执行菜单"文件 | 打开"命令，选择随书配套光盘中的"案例2_酒杯.jpg"图像文件，如图10-38所示。

"红"通道

"绿"通道

图10-38

02 在彩色图像中，酒杯和背景在色彩上比较接近，尤其是边缘部分，此时可以看一下在通道中是否有清晰的轮廓。打开"通道"面板，分别查看"红"通道、"绿"通道和"蓝"通道，效果如图10-39所示。

"蓝"通道

图10-39

03 通过观察这3个通道可以发现，"蓝"通道中的酒杯轮廓最为清晰。

单击"蓝"通道,选择工具箱中的钢笔工具 ,在工具选项栏中选择绘图方式为"路径",绘制酒杯的轮廓,如图10-40所示。

使用工具箱中的移动工具将刚才抠取的酒杯拖入到背景文件中,系统自动生成"图层1"图层,效果如图10-43所示。

图10-40

04 按Ctrl+回车键,将路径转换为选区,效果如图10-41所示。

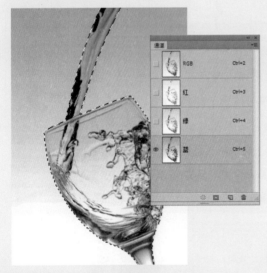

图10-41

05 按Ctrl+2组合键,返回到复合通道;按Ctrl+J组合键,在"背景"图层中复制选区图像,系统自动生成"图层1"图层,如图10-42所示。

06 按Ctrl+O组合键,打开随书配套光盘中的"案例2_背景.jpg"图像文件,

图10-42

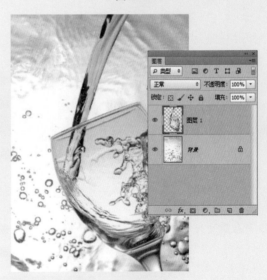

图10-43

07 按Ctrl+L组合键,打开"色阶"对话框,调整"图层1"图层的图像色阶,效果如图10-44所示。

08 继续使"图层1"图层为当前图层,执行菜单"图像|调整|去色"命令,对图像进行去色处理。然后将"图层1"图层的混合模式设置为"正片叠底",效果如图10-45所示。

图10-44

图10-45

09 将"图层1"图层拖到"图层"面板底部的"创建新图层"按钮 上，进行复制，系统自动生成"图层1副本"图层，然后将该图层的混合模式设置为"滤色"，如图10-46所示。

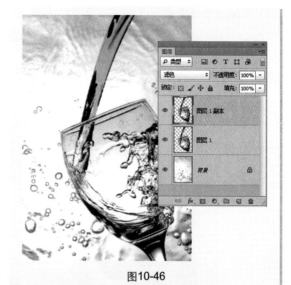

图10-46

10 按Ctrl+U组合键，打开"色相/饱和度"对话框，调整"图层1副本"图层中的图像色相及饱和度，完成最终效果如图10-47所示。

图10-47

10.4 混合模式抠取人物

素材文件	素材\第10章\案例3_人物.jpg、案例3_背景.jpg	视频文件	视频文件\第10章\抠取人物.avi
源 文 件	源文件\第10章\抠取人物.psd	难度系数	★★★★
技术难点	● 人物头发边缘的处理。		

一般抠取人物的难点都在头发上，前面章节中也讲过利用通道、利用橡皮擦等工具来抠取的方法。当然抠图的方法不是局限于一种，掌握越多的知识点，那么在抠图的过程中使用的工具也越灵活。本实例就通过混合模式与蒙版相结合来抠取人物图像。原始图像和处理后的对比效果如图10-48所示。

图10-48

01 启动Photoshop CS6软件，在界面空白区域双击鼠标或者执行菜单"文件 | 打开"命令，选择随书配套光盘中的"案例3_人物.jpg"和"案例3_背景.jpg"图像文件，如图10-49所示。

图10-49

02 选择工具箱中的移动工具，将人物图像拖入到背景文件中，并按Ctrl+T组合键适当调整一下人物的大小及位置，如图10-50所示。

图10-50

03 将人物图像所有的"图层1"图层连续两次拖入到"图层"面板的"创建新图层"按钮 上，复制两个图层，系统自动生成"图层1副本"和"图层1副本2"图层，然后单击两个图层缩略图前面的 图标，如图10-51所示。

图10-51

04 接着单击"图层"面板底部的"创建新图层"按钮 ，在"图层1"图层的上面新建"图层2"图层。选择工具箱中的吸管工具 ，在头发附近的背景上选择比较有代表性的颜色设置为前景色，并在"图层2"图层中按Alt+Delete组合键填充前景色，效果如图10-52所示。

图10-52

05 按Ctrl+I组合键，使填充的前景色反相，将"图层2"图层的混合模式设置为"颜色减淡"，效果如图10-53所示。

图10-53

06 继续保持"图层2"图层为当前图层，按Ctrl+E组合键，向下合并图层；再单击"图层"面板底部的"创建新图层"按钮 ，新建"图层2"图层，如图10-54所示。

图10-54

07 选择工具箱中的吸管工具 ，在有颜色的背景处单击设置为前景色，并按Alt+Delete组合键填充前景色，效果如图10-55所示。

图10-55

08 按Ctrl+I组合键，使填充的前景色反相，并将"图层2"图层的混合模式设置为"颜色减淡"，效果如图10-56所示。

图10-56

09 继续保持"图层2"图层为当前图层，按Ctrl+E组合键，向下合并图层，然后将图层混合模式设置为"正片叠底"，此时可以看到头发的轮廓已经基本抠取

出来了，效果如图10-57所示。

图10-57

10 在"图层"面板中打开"图层1副本"图层缩略图前面的眼睛图标 ，使用工具箱中的吸管工具 吸取人物头发高光部分的背景色作为前景色，如图10-58所示。

图10-58

11 单击"图层"面板底部的"创建新图层"按钮 ，新建"图层2"图层，按

Alt+Delete组合键填充前景色，并将图层混合模式设置为"颜色加深"，效果如图10-59所示。

图10-59

12 按Ctrl+E组合键，向下合并图层，接着使用吸管工具 在背景上较亮的地方单击作为前景色，如图10-60所示。

图10-60

13 单击"图层"面板底部的"创建新图层"按钮 ，新建"图层2"图层，

按Alt+Delete组合键填充前景色；按Ctrl+I组合键，使颜色反相，并将图层混合模式设置为"颜色加深"，效果如图10-61所示。

图10-61

14 按Ctrl+E组合键，向下合并图层。执行菜单"图像 | 调整 | 去色"命令，对图像进行去色，并将图层混合模式设置为"滤色"，效果如图10-62所示。

图10-62

15 在"图层"面板中打开"图层1副本2"缩略图前面的眼睛图标 👁，添加图层蒙版，并填充黑色，效果如图10-63所示。

图10-63

16 使用白色画笔工具在蒙版中涂抹出人物主体，效果如图10-64所示。

图10-64

17 在人物两侧有一些灰色的地方，这个是"图层1副本"图层中的图像，需要创建一个图层蒙版用黑色画笔把这些多余的部分隐藏，如图10-65所示。

图10-65

18 选择人物图层（即"图层1副本2"图层），执行菜单"图像 | 调整 | 照片滤镜"命令，为人物增加一点黄色，这样与背景的融合会更好，效果如图10-66所示。

图10-66

19 进一步调整细节会发现，人物的头发颜色有些不对，边缘是红色的，与之前的原始图像不一致。选择"图层1"图层，按Ctrl+U组合键，打开"色相/饱和度"对话框，调整一下参数如图10-67所示。完成最终效果如图10-68所示。

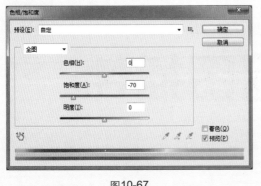

图10-67

图10-68

Chapter 11

第11章
使用专业抠图插件
抠图

专业的插件和滤镜都是为实现图像的各种特殊效果来服务的，它们的操作虽然非常简单，但是真正用起来却很难恰到好处，在本章中将针对Photoshop中的抠图插件进行详细讲解。

Photoshop中的滤镜是功能奇特、效果丰富的工具之一，它是Photoshop重要的组成部分，使用它可以对图像进行抽象艺术处理，从而制作出令人惊喜的效果。Photoshop本身提供了100多个内置滤镜，如图11-1所示。

除了本身自带的滤镜外，Photoshop还提供了开放的接口，允许我们安装和使用其他软件厂商开发的滤镜插件（即外挂滤镜，也叫第三方插件）。外挂滤镜的种类繁多，功能各异，例如KPT是强大的特效制作插件、UItimatte Advant Ege是专门的抠图插件、NeatImage是处理照片的插件等，数量之多，不胜枚举。其中使用最广泛、最具有代表性的有"抽出"滤镜、MaskPro、Knockout等。

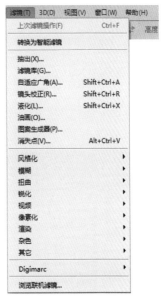

图11-1

 # 11.1　安装第三方抠图插件

如果要使用外挂滤镜，首先必须要正确安装它们。安装这些第三方插件一般有两种情况：一种是直接复制滤镜到指定的Photoshop路径下；一种是提供安装程序，需要运行程序来安装。下面就来演示这两种安装第三方Photoshop插件的方法。

● 直接复制滤镜到指定Photoshop路径下：以"抽出"滤镜的安装为例。

在Photoshop之前的版本，"抽出"滤镜一直是Photoshop本身自带的内置滤镜，它是专门用于抠图的滤镜，但到了Photoshop CS4就被"调整边缘"命令所取代了。不过还是可以将它作为一个插件安装到Photoshop中，就像是外挂滤镜一样使用。

01 如果用户的Photoshop已经打开，那么需要将其退出，否则安装的第三方插件不会直接出现在Photoshop中。

02 打开解压后的滤镜文件夹，找到"ExtractPlus.8BF"，如图11-2所示。

图11-2

03 按Ctrl+C组合键复制。将其粘贴到Photoshop CS6安装程序文件夹下面的"Required | Plug Ins | Filters"中，如图11-3所示。然后重新启动Photoshop软件，打开"滤镜"菜单便可以看到"抽出"滤镜了，如图11-4所示。

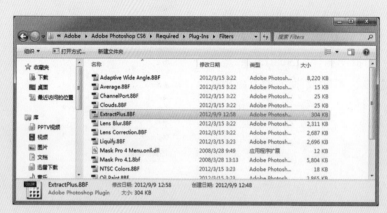

图11-3

图11-4

● **通过安装程序来安装外挂滤镜：以Corel KnockOut滤镜的安装为例。**

01 如果用户的Photoshop已经打开，那么需要将其退出，否则安装的第三方插件不会直接出现在Photoshop中。

02 打开"Corel KnockOut2.0"文件夹，从中选择Setup.exe安装文件，如图11-5所示。

图11-5

03 双击Setup.exe文件，启动安装程序界面，如图11-6所示。

04 稍等片刻会出现提示安装程序需要注意事项的画面，如图11-7所示。

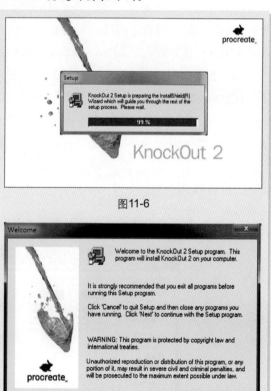

图11-6

图11-7

05 单击Next按钮出现安装协议的画面，如图11-8所示。

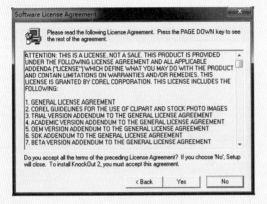

图11-8

06 单击Yes按钮出现如图11-9所示的画面，需要手动输入用户名和序列号。

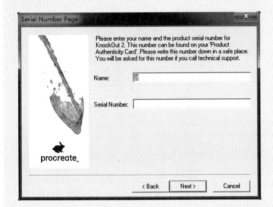

图11-9

07 输入完成后，单击Next按钮，出现选择安装类型的画面，在此一般选择Typical（典型）安装即可，如图11-10所示。

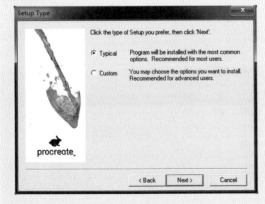

图11-10

08 单击Next按钮，出现11-11所示画面，该画面主要选择Corel KnockOut程序安装的目录。

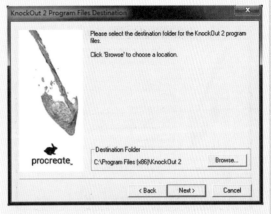

图11-11

09 单击Next按钮，出现如图11-12所示画面，在这里主要选择第三方插件的安装目录。在这个地方需要注意的是，如果没有特别说明的话都要安装在Photoshop的"Required | Plug-Ins | Filters"文件夹中，否则Photoshop启动时将检测不到该插件的存在。

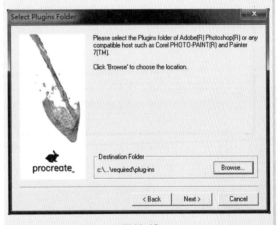

图11-12

📅 提 示

如果目标文件夹的路径不对，可以单击右侧的Browse（浏览）按钮，将目标文件夹定位到Photoshop的"Required | Plug-Ins | Filters"文件夹中。

10 单击Next按钮，出现的画面主要是将刚才的设置作出说明，如果参数不合适，则可以单击Back按钮重新设置，如图11-13所示。

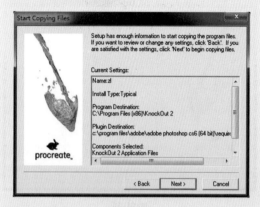

图11-13

11 单击Next按钮开始安装程序，安装完成后会出现注册画面，如图11-14所示。

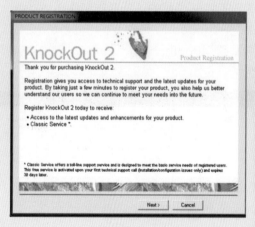

图11-14

12 单击Next按钮，选择不同的注册方式完成注册后，出现完成安装画面。单击Finish按钮，完成安装，如图11-15所示。

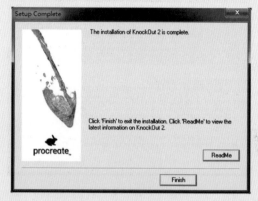

图11-15

13 重新启动Photoshop软件，选择"滤镜"菜单，可以发现在该菜单下方增加了一个KnockOut 2的滤镜，如图11-16所示。

图11-16

📅 提 示

　　用户也可以在硬盘的某个分区上建立一个专门用于存放第三方插件的文件夹，例如在F:盘根目录下建立一个"Photoshop第三方插件"文件夹，将所安装的插件全部放在文件夹中，然后启动Photoshop软件，执行菜单"编辑|首选项|增效工具"命令，打开"首选项"对话框，在"增效工具"选项卡中指定附加的增效工具文件夹，如图11-17所示。

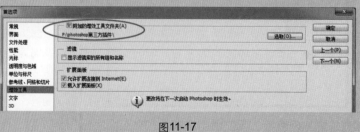

图11-17

对于安装其他的Photoshop第三方插件，可以参考前面所介绍的这两种安装方法完成安装，在这里就不一一介绍了。本章所讲述的第三方插件，由于涉及版权保护，在本书的配套光盘中没有提供，用户可以通过网络下载测试版或者试用版插件使用。

 ## 11.2　使用"抽出"滤镜抠图

11.2.1　"抽出"滤镜的操作界面

"抽出"滤镜的功能强大，运用灵活，是专门用来抠图的工具，它比较容易掌握，可以从繁杂的背景中抠取出散乱的毛发、透明物体等有柔和边缘的对象。

执行菜单"滤镜 | 抽出"命令，打开"抽出"滤镜对话框，如图11-18所示。

图11-18

从图11-18中可以看出"抽出"滤镜对话框中主要包含3个区域，左侧为该滤镜的工具，使用这些工具可以描绘、填充、擦除和修饰等操作。将光标放置在任意一个工具上，会在预览区的顶部出现相应的工具提示；中间为图像的预览区，在该区域可以描绘图像的边界、编辑图像以及预览图像抽出效果；右侧为选项与参数控制区，在该区域可以设置工具的选项、参数等内容。

1. 左侧工具栏

- 边缘高光器工具：用来定义抽取对象的区域，使用该工具沿将要抠取的对象的边缘绘制一个封闭轮廓。描绘的轮廓应与对象及其背景稍微重叠，如果边缘复杂，可以使用较大的画笔进行描绘，如图11-19所示。
- 填充工具：在描绘的轮廓内填充颜色，蓝色覆盖的图像代表保留的区域，其他的区域是被删除的区域，如图11-20所示。
- 橡皮擦工具：可擦除描绘的边缘，如图11-21所示。

图11-19

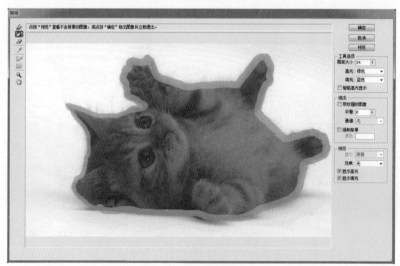

图11-20

图11-21

● 清除工具 ▣：单击"预览"按钮，多余的背景可以使用该工具擦除，如图11-22所示；如果有缺失的图像，可以按住Alt键涂抹，将其恢复回来，如图11-23所示。

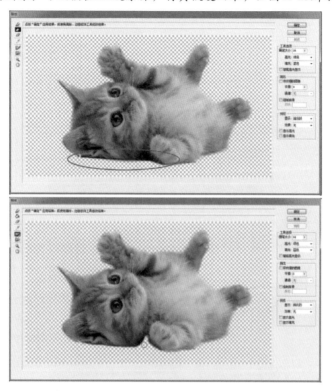

图11-22

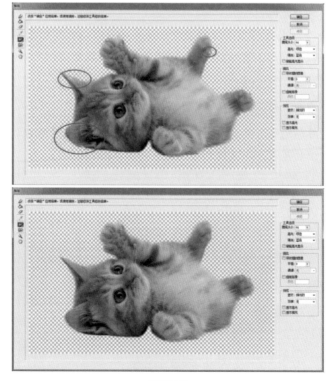

图11-23

● 边缘修饰工具 📝：可以使模糊的边缘变得清晰，按住Ctrl键涂抹，可以移动边缘，如图11-24所示。

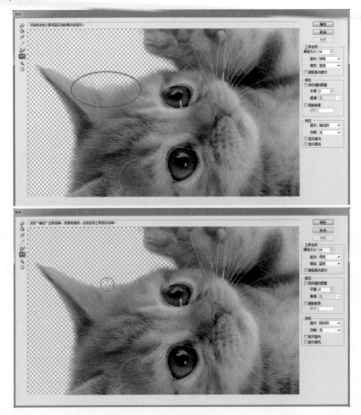

图11-24

● 缩放工具 🔍/抓手工具 ✋：用于缩放窗口以及移动画面。也可以使用快捷键Ctrl+"＋"或Ctrl+"－"来放大或缩小窗口显示比例；按住空格键拖动鼠标可以移动画面。

2. 右侧选项

● 画笔大小：可以调整所选工具的大小。

● 高光：调整边缘高光器工具 ✏️ 描绘出的轮廓颜色，默认颜色为绿色。如果要改变颜色可以选择下拉列表中的蓝色、红色或者自定义颜色，如图11-25所示。

图11-25

● 填充：设置填充工具在轮廓内填充的颜色，默认为蓝色。如果要改变颜色可以选择下拉
列表中的绿色、红色或者自定义颜色，如图11-26所示。

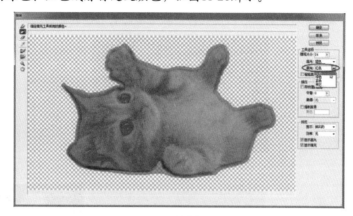

图11-26

● 智能高光显示：勾选该选项后，无论当前画笔设置为多大，Photoshop会自动调整描绘出
的边界的宽度，使其刚好覆盖住图像的边缘。

● 带纹理的图像：如果图像的前景或背景中包含大量的纹理，可以勾选该选项。

● 平滑：对轮廓的平滑度进行设置。该值越高，图像的边缘越平滑。

● 通道：如果图像中包含Alpha通道，可以从下拉列表中选择Alpha通道，便于通道中保存的
选区进行高光处理。

● 强制前景：选择边缘高光器工具✐涂抹要保留的图像，然后勾选该选项，再用吸管工具✐
在图像内部单击，对颜色取样，Photoshop会自动分析高光区域，保留与鼠标单击处颜色
相近的图像，该选项适合选取毛发，如图11-27所示。

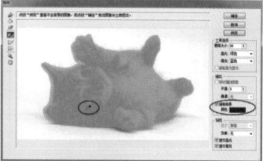

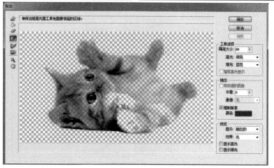

图11-27

- 显示：可以在原稿与抽出的图像之间切换视图。
- 效果：单击"预览"按钮后，抽出的对象会显示在透明背景上，也可以在"效果"下拉列表中选择不同的方式显示，以便观察抽取图像的效果，如图11-28所示。

无

黑色杂边

灰色杂边

白色杂边

其他…（可自定颜色）

蒙版

图11-28

- 显示高光：勾选该选项，显示边缘高光器工具 ✏ 描绘的轮廓线。
- 显示填充：勾选该选项，显示填充工具 ◊ 在轮廓内填充的颜色。

11.2.2 抠取小狗

素材文件	素材\第11章\案例1_小狗.jpg、案例1_背景.jpg	视频文件	视频文件\第11章\抠取小狗.avi
源文件	源文件\第11章\抠取小狗.psd	难度系数	★★★★
技术难点	● 使用"抽出"滤镜时要覆盖住毛发，使用边缘修饰工具来处理细节。		

　　"抽出"滤镜比较适合抠选动物的毛发，对于本实例来说要时刻观察预览抽出的效果，对于毛发处要用边缘高光器覆盖住，注意细节的处理。原始图像和处理后的对比效果如图11-29所示。

图11-29

01 启动Photoshop CS6软件，在界面空白区域双击鼠标或者执行菜单"文件 | 打开"命令，选择随书配套光盘中的"案例1_小狗.jpg"图像文件。在"图层"面板中，按Ctrl+J组合键复制"背景"图层，系统自动生成"图层1"图层，我们将在复制的图像中操作，如图11-30所示。

图11-30

02 执行菜单"滤镜 | 抽出"命令，打开"抽出"对话框，如图11-31所示。

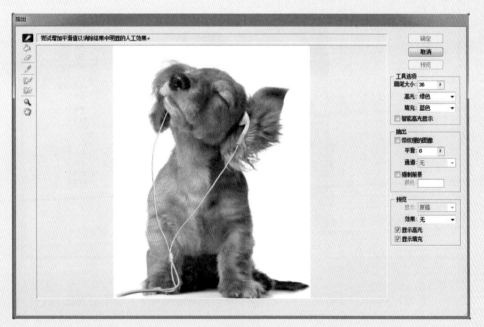

图11-31

03 选择边缘高光器工具 ⁄，沿图像边缘描绘出轮廓边界，描绘完成的边界应该为一个封闭的区域。要注意清晰的边缘可用较小的画笔描绘，毛发细节较多的边缘可用较大的画笔将其覆盖住，如图11-32所示。

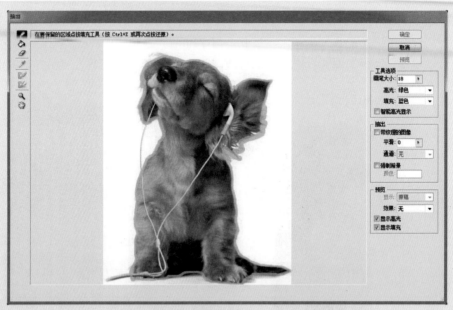

图11-32

04 选择填充工具◇，在边界内填充蓝色，如图11-33所示。

图11-33

05 单击"预览"按钮，预览抽出结果，如图11-34所示。为了便于观察图像，可以在"效果"选项中选择不同的显示方式来查看图像的抽取情况，效果如图11-35所示。

06 按Ctrl+"＋"组合键放大窗口的显示比例，按住空格键拖动鼠标移动图像，仔细观察抽出的图像。如果有多余的背景，就用清除工具 ✐ 进行擦除；如果有被删除的图像，可以按住Alt键涂抹相应的区域，恢复图像；如果有模糊的边缘，可以使用边缘修饰工具 ✎ 进行修饰，使其变得清晰，如图11-36所示。

图11-34

黑色杂边　　　　　　　　　　灰色杂边　　　　　　　　　其他…（自定义红色）

图11-35

图11-36

07 修改完成后，再观察一下不同颜色的背景，如果没有问题，单击"确定"按钮，抽取出图像，背景就会被删除掉。在"图层"面板中隐藏"背景"图层，效果如图11-37所示。

图11-37

08 选择"背景"图层，按Ctrl+J组合键再复制一个"背景 副本"图层，单击"图层"面板底部的"添加图层蒙版"按钮，并把图层蒙版填充成黑色，如图11-38所示。

图11-38

09 使用白色画笔工具将耳机部分涂抹出来，效果如图11-39所示。

图11-39

10 按Ctrl+O组合键，打开随书配套光盘中的"案例1_背景.jpg"素材文件，效果如图11-40所示。

图11-40

11 使用工具箱中的移动工具 将背景图像拖入到"案例1_小狗"图像中，根据背景，适当调整小狗大小，然后选择"图层1"和"背景 副本"两个图层，按Ctrl+T组合键，将其进行合并，如图11-41所示。

12 接下来将小狗的阴影部分修饰一下，可以选择"背景 副本"图层的蒙版，选择一个柔角画笔，并且画笔的"不透明度"

设置为30%，选用白色对小狗的阴影部分进行涂抹，完成最终效果如图11-42所示。

图11-41

图11-42

11.2.3 抠取长发女孩

素材文件	素材\第11章\案例2_女孩.jpg、案例2_背景.jpg	视频文件	视频文件\第11章\抠取长发女孩.avi
源 文 件	源文件\第11章\抠取长发女孩.psd	难度系数	★★★★
技术难点	● 使用"抽出"滤镜中的前置前景色功能，分别把人物头发的亮部、暗部、中间色调等抠取出来。		

本实例中小女孩的头发抠取是难点，需要通过"抽出"滤镜把头发按不同明度分别抽取出来。原始图像和处理后的对比效果如图11-43所示。

图11-43

01 启动Photoshop CS6软件，在界面空白区域双击鼠标或者执行菜单"文件 | 打开"命令，选择随书配套光盘中的"案例2_女孩.jpg"和"案例2_背景.jpg"，如图11-44所示。

图11-44

02 选择工具箱中的移动工具 将背景拖入到人物图像中，如图11-45所示。

图11-45

03 在"图层"面板中选择"背景"图层，按三次Ctrl+J组合键，将"背景"图层连续复制3个并将复制后的图层拖曳至"图层 1"的上面，效果如图11-46所示。

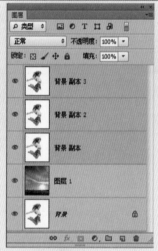

图11-46

04 隐藏"图层"面板最上面两个图层，选择"背景 副本"图层，执行菜单"滤镜 | 抽出"命令，打开"抽出"滤镜对话框。在该对话框中勾选"强制前景"复选框，并将颜色设置为用吸管工具吸取头发亮部的颜色，然后使用边缘高光器工具 在图像上涂抹，如图11-47所示。

图11-47

05 单击"确定"按钮后，效果如图11-48所示。

图11-48

06 打开并选择"背景 副本2"图层，执行菜单"滤镜 | 抽出"命令，打开"抽出"滤镜对话框。在该对话框中勾选"强制前景"复选框，并将颜色设置为用吸管工具吸取头发暗部的颜色，然后使用边缘高光器工具 ✎ 在图像上涂抹，如图11-49所示。

07 单击"确定"按钮后，效果如图11-50所示。

08 打开并选择"背景 副本3"图层，执行菜单"滤镜 | 抽出"命令，打开"抽出"滤镜对话框。在该对话框中勾选"强制前景"复选框，并将颜色设置为用吸管工具吸取头发中间色调的颜色，然后使用边缘高光器工具 ✎ 在图像上涂抹，如图11-51所示。

图11-49

图11-50

图11-51

09 单击"确定"按钮后，效果如图11-52所示。

图11-52

10 再复制一个"背景"图层，名称为"背景 副本4"，并将其放置在最上层，执行菜单"滤镜 | 抽出"命令，打开"抽出"滤镜对话框，使用边缘高光器工具 ✎ 将女孩的轮廓描绘出来，然后再使用填充工具 ⬦ 填充，效果如图11-53所示。

图11-53

11 单击"确定"按钮后，效果如图11-54所示。

12 此时可以发现在头发处有一些白色的背景，然后为"图层"面板中的"背景 副本4"图层新建图层蒙版，选用黑色的柔角画笔工具在蒙版中把多余的背景涂抹掉，效果如图11-55所示。

图11-54

图11-55

13 此时可以发现女孩的眼睛处以及头发处还不太明显，需要进一步修改。再在"图层"面板中复制一个"背景"图层，名称为"背景 副本5"，并将其放置在最上层，并为该图层新建一个蒙版，然后填充为黑色，使用白色的柔角画笔工具在缺失的地方进行涂抹，完成最终效果如图11-56所示。

图11-56

11.3　使用MaskPro滤镜抠图

　　Mask Pro 是onOnesoftware公司出品的一款专业级的图像遮罩工具（For Photoshop），使用它可以方便精确地合成图片，除去背景。Mask Pro可以创建面罩，选择和修饰复杂物体如头发、玻璃和雾气。可以说是目前专业的去背软件之一。

　　Mask Pro具体功能有：让用户的去背效果可以达到最佳化，精准的遮罩功能，智慧笔刷以及魔术棒，无限的Undo/Redo 功能；另外，在 Mask Pro之中还有提供相当多的工具，如魔术笔刷以及路径工具，所以用户不用担心因为工具过少做不出好的遮罩来将影像去背，因为这些工具再加上先前所提到的选色工具绝对可以帮用户做出完美的遮罩，使作品达到专业的水准。

11.3.1　MaskPro滤镜的操作界面

1. 操作窗口

正确安装完MadkPro插件后，执行菜单"滤镜｜onOne｜Mask Pro 4.1"命令，打开Mask Pro工作界面，可以看到该工作界面包含菜单栏、工具箱、"工具选项"面板、"保留"面板、"丢弃"面板和"工具提示和快捷键"面板，如图11-57所示。

图11-57

📅 **提　示**

在使用Mask Pro抠图之前，必须要将图片复制为一个新的副本图层或者将锁定的背景图层转换为普通图层，因为默认情况下打开的图片作为一个锁定的背景图层存在，Mask Pro不能对锁定的图层进行编辑。

2. 工具箱

● 保留吸管工具 🖋：用来指定使用魔术笔刷 🖊或魔术棒 🖊时在整个图像中不会被擦除的颜色。

● 丢弃吸管工具 🖋：用来指定使用魔术笔刷 🖊或魔术棒 🖊时在整个图像中可以被擦除的颜色。

● 保留高亮工具 🖋：用来定义图像的保留区域。定义保留区域时，应注意不要碰到保留色和丢弃色之间的界限（即边缘区域）。如果要自定义保留的颜色，可以使用保留吸管工具 🖋进行取样，如图11-58所示。

● 丢弃高亮工具 🖋：用来定义图像的丢弃/移除的区域。定义丢弃区域时，应注意不要碰到保留色和丢弃色之间的界限（即边缘区域）。如果要自定义删除的颜色，可以使用保留吸管工具 🖋进行取样，如图11-59所示。

图11-58   图11-59

- 魔术笔刷工具 ✐：能够很好地智能控制在保留或丢弃面板中定义抠取蒙版的边缘。当抠取毛发或透明对象时选择该工具相当不错。

- 笔刷工具 ✐：该工具会忽略保留/丢弃的颜色，擦除或还原图像。使用该工具非常适合快速擦除不需要的大面积背景图像。如果要还原像素，可以按X键，切换为还原模式，然后在透明区域涂抹，如图11-60所示。

图11-60

- 魔术油漆桶工具 ✐：该工具用于修正在抠图过程中遗漏的孔洞和斑点。

- 油漆桶填充工具 ✐：该工具用来擦除或还原所有与单击处连续的像素点，当触及到完整的擦除或还原像素边界区域时才会停止填充，如图11-61所示。

图11-61

- 魔术棒工具 ✐：使用该工具相当于用魔术笔刷 ✐绘制整个图像。它适合处理单一颜色的背景，并且对象与背景对比强烈的图像。它还能保留图像边缘的透明度。

- 喷枪工具 ✎：该工具具有控制绘制强度的能力，能够让用户更好地调整蒙版的透明边缘。
- 雕琢工具 ✎：该工具用于从蒙版边缘处移除或还原像素。当蒙版范围大，超出图像边界，或者蒙版范围小露出背景色时，便可以使用该工具来还原边缘像素。
- 模糊工具 ◌：该工具可以在硬边缘与背景之间通过均匀分布像素来创建一个过渡区域。它仅作用于蒙版，而不会影响图像。
- 魔术钢笔工具 ✎：该工具可以自动探测图像中的边缘，并吸附到边缘来创建路径，与Photoshop中的磁性钢笔工具类似。
- 钢笔工具 ✎：可以绘制直线和曲线路径，适合抠取边缘清晰的图像，与Photoshop中的钢笔工具类似。
- 抓手工具 ✋/缩放工具 🔍：与Photoshop工具箱中相应工具的用法相同。使用抓手工具 ✋ 在窗口中单击并拖动鼠标可以移动画面；使用缩放工具 🔍 在窗口中单击可以放大窗口的显示比例，按住Alt键单击可以缩小窗口显示比例。
- 擦除/还原切换按钮 ⬛：可以切换为擦除模式或还原模式。快捷键为X。

3. 面板

- "工具选项"面板：Mask Pro的"工具选项"面板与Photoshop中的工具选项栏类似，当选择一个工具时，就可以在该面板中设置工具的属性，如笔刷大小、笔刷硬度、蒙版边缘软硬度等，如图11-62所示。

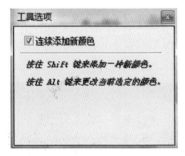
保留吸管工具 ✎ 的选项

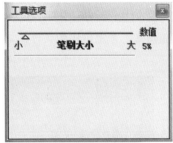
保留高亮工具 ✎ 的选项

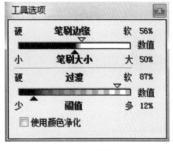
魔术笔刷工具 ✎ 的选项

图11-62

- "保留"面板/"丢弃"面板：用Mask Pro抠图时，保留色和丢弃色的操作特别重要。如果要保留图像中的某些颜色，可以用保留吸管工具 ✎ 在图像上单击取样，拾取的颜色会出现在"保留"面板中，如图11-63所示。

图11-63

如果要丢弃某些颜色，则用丢弃吸管工具 ✐ 在图像上单击取样，拾取的颜色会出现在"丢弃"面板中，如图11-64所示。

图11-64

11.3.2 抠取老虎

素材文件	素材\第11章\案例3_老虎.jpg、案例3_背景.jpg	视频文件	视频文件\第11章\抠取老虎.avi
源 文 件	源文件\第11章\抠取老虎.psd	难度系数	★★★★
技术难点	● 使用MaskPro抠取图像，注意描绘内部、外部的轮廓线不能碰触到图像的边界。		

在本实例中，抠图的难点就是老虎周围的毛发，可以通过使用MaskPro滤镜来抠取，在抠取的时候要准确的绘制出内部和外部的轮廓线，来定位图像，才能达到理想的效果。原始图像和处理后的对比效果如图11-65所示。

图11-65

01 启动Photoshop CS6软件，在界面空白区域双击鼠标或者执行菜单"文件 | 打开"命令，选择随书配套光盘中的"案例3_老虎.jpg"图像文件。按Ctrl+J组合键复制"背景"图层，系统自动生成"背景 副本"图层，如图11-66所示。执行菜单"滤镜 | onOne | Mask Pro 4.1"命令，打开Mask Pro工作界面，如图11-67所示。

图11-66

图11-67

02 选择保留高亮工具 ✎，调整笔刷大小，在老虎的内部绘制出大致的轮廓线，如图11-68所示。

图11-68

03 描绘时不要碰触到背景图像，如果出现错误，可以按住Alt键将多余的轮廓线擦除掉。按住Ctrl键在轮廓线内部单击填充颜色，如图11-69所示。

图11-69

04 选择丢弃高亮工具 ，在老虎外部的背景区域绘制轮廓线，注意不要碰触到老虎，如果碰触到可以按住Alt键将其擦除，如图11-70所示。

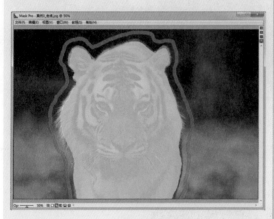

图11-70

05 按住Ctrl键在背景区域单击，填充颜色，如图11-71所示。

06 现在保留的颜色范围和丢弃的颜色范围都设定好了。单击工具箱底部的 按钮，切换为擦除模式。双击魔术棒工具 ，进行抠图，效果如图11-72所示。

07 执行菜单"视图 | 高亮 | 隐藏高亮"命令，将填充的颜色隐藏，观察图

像，可以发现老虎的内部图像有缺失的地方，需要进行修复，如图11-73所示。

图11-71

图11-72

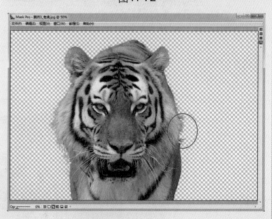

图11-73

08 按X键切换为还原模式。选择笔刷工具，调整适当的笔刷大小将缺失的部分还原回来，时刻观察修复的效果，如图11-74所示。

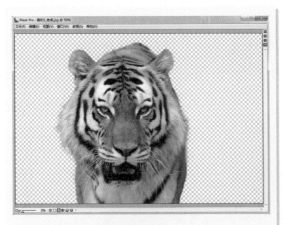

图11-74

09 执行菜单"文件 | 保存"命令，切换回Photoshop工作界面中，从"图层"面板中就可以看到老虎的背景被删除掉了，如图11-75所示。

图11-75

10 按Ctrl+O组合键，打开随书配套光盘中的"案例3_背景.jpg"图像文件，将抠取出的老虎使用移动工具拖入到背景图像中，适当调整位置及大小，完成最终效果如图11-76所示。

图11-76

11.3.3　抠取花朵

素材文件	素材\第11章\案例4_花朵.jpg、案例4_背景.jpg	视频文件	视频文件\第11章\抠取花朵.avi
源 文 件	源文件\第11章\抠取花朵.psd	难度系数	★★★
技术难点	● 使用MaskPro抠取图像，要正确取样保留颜色和丢弃颜色，也可以自定义颜色。		

　　保留色和丢弃色是MaskPro滤镜抠图的一个重要概念，可以通过设定保留颜色和丢弃颜色自动抠取图像。在图像上使用保留颜色吸管工具和丢弃颜色吸管工具吸取颜色以后，会在相应的保留颜色面板或丢弃颜色面板中显示该颜色。原始图像和处理后的对比效果如图11-77所示。

图11-77

01 启动Photoshop CS6软件，在界面空白区域双击鼠标或者执行菜单"文件 | 打开"命令，选择随书配套光盘中的"案例4_花朵.jpg"图像文件。按Ctrl+J组合键复制"背景"图层，系统自动生成"图层1"图层，如图11-78所示。

图11-78

02 执行菜单"滤镜 | onOne | Mask Pro 4.1"命令，打开Mask Pro工作界面，选择保留吸管工具✐，在"工具选项"面板中勾选"连续增加新颜色"复选框，这样可以用吸管工具连续对颜色进行取样，如图11-79所示。

03 在需要保留的花朵边缘、绿叶、花蕊等处单击，拾取的颜色会自动添加到"保留"面板中（如果取样的颜色不准确，可以双击"保留"面板的颜色，打开"拾色器"面板修改颜色），如图11-80所示。

04 选择丢弃吸管工具✐，在背景上需要删除的地方单击拾取颜色，自动添加到"丢弃"面板中，如图11-81所示。

图11-79

图11-80

图11-81

05 定义好保留和丢弃的颜色后，选择魔术笔刷工具，在"工具选项"面板中调整笔刷参数，并勾选"使用颜色净化"复选框，将背景擦除，如果操作出现失误，可以连续按Ctrl+Z组合键撤销操作，然后重新处理，如图11-82所示。

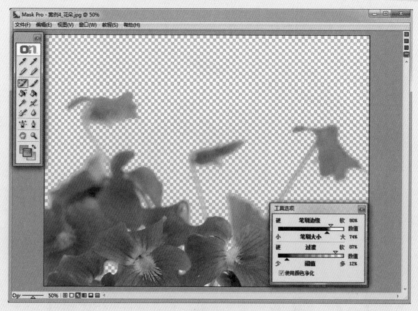

图11-82

06 单击窗口底部的"蒙版视图"按钮，观察图像蒙版，可以看到在花的内部和边缘处有灰色，说明花朵有遗漏的地方，如图11-83所示。选择笔刷工具，将灰色涂抹成白色，如图11-84所示。

07 继续观察蒙版中的图像，花朵的边缘部分有灰色的锯齿状，说明羽化区域过渡不是很自然，可以使用模糊工具来涂抹，如图11-85所示。

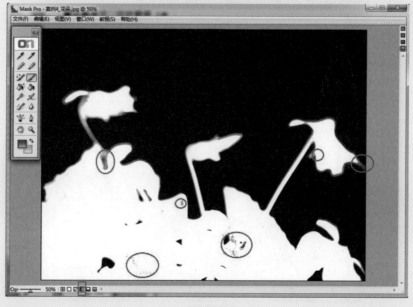

图11-83

图11-84

图11-85

08 单击窗口底部的"单层视图显示"按钮，在透明背景上观察图像，如果没有问题就按Ctrl+S组合键抠取图像并切换到Photoshop工作界面中，如图11-86所示。

图11-86

09 按Ctrl+O组合键，打开随书配套光盘中的"案例4_背景.jpg"图像文件，将抠取出的花朵使用移动工具拖入到背景图像中，适当调整位置及大小，完成最终效果如图11-87所示。

图11-87

 ## 11.4 使用KnockOut滤镜抠图

Corel公司出品的经典抠图工具——KnockOut，一经推出，便备受好评，因为它解决了令人头疼的抠图难题，使枯燥乏味的抠图变为轻松简单的过程。Knockout不但能够满足常见的抠图需要，而且还可以对烟雾、阴影和凌乱的毛发进行精细抠图，就算是透明的物体也可以轻松抠出。即便用户是Photoshop新手，也能够轻松抠出复杂的图形，而且轮廓自然、准确，完全可以满足自己的需要。

11.4.1 KnockOut滤镜的操作界面

KnockOut与Mask Pro一样不能在"背景"图层中操作，因此，在Photoshop中打开图像之后，可以复制"背景"图层，也可以按住Alt键双击"背景"图层，将其转换为普通图层，然后再执行菜单"滤镜｜KnockOut 2｜载入工作图层"命令，就可以打开KnockOut了，它的界面类似于Photoshop，分为标题栏、菜单栏、属性栏、工具箱、进程面板、信息面板、选择面板、状态栏、工作区9个部分，如图11-88所示。

图11-88

1. 标题栏

可以移动程序界面的位置，显示当前程序的名称、图层名称、颜色模式、显示比例以及最小化、最大化、关闭当前程序的3个按钮图标。这和Photoshop的标题栏没有区别。

2. 菜单栏

KnockOut的窗口中包含"文件"、"编辑"、"查看"、"选择区域"、"窗口"、"帮助"6个菜单命令。

"文件"菜单中包含保存方案、保存映象遮罩、保存阴影遮罩、还原和应用等命令，如图11-89所示。

"编辑"菜单中包含撤销、恢复、处理和参数选择等命令，其中"处理"命令用来处理图像和显示去除背景后的图像；"参数选择"命令可以设置描绘磁盘、恢复键、撤销级别和影像缓存等选项，如图11-90所示。

图11-89

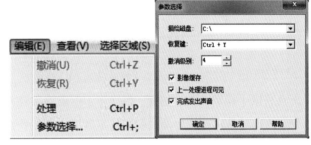

图11-90

"查看"菜单用来设置图像的查看方式。包括设置查看原稿、输出当前结果、输出最后结果和Alpha通道。另外，还可以设置是否隐藏内部对象、外部对象、内部阴影、外部阴影、注射器和边缘羽化等，如图11-91所示。

"选择区域"菜单包含全选、取消选择、扩展和收缩选区等命令，如图11-92所示。

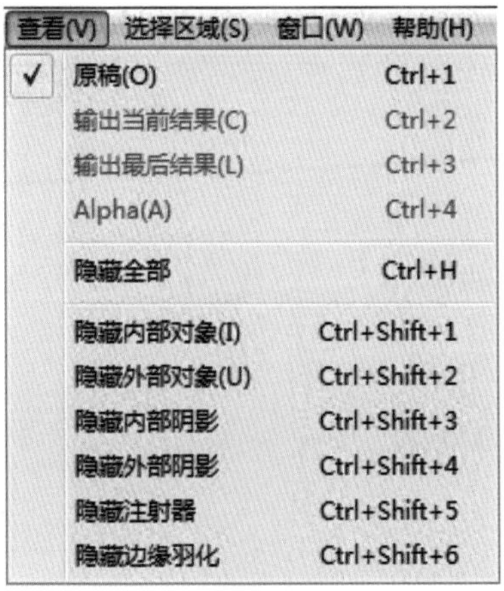

图11-91

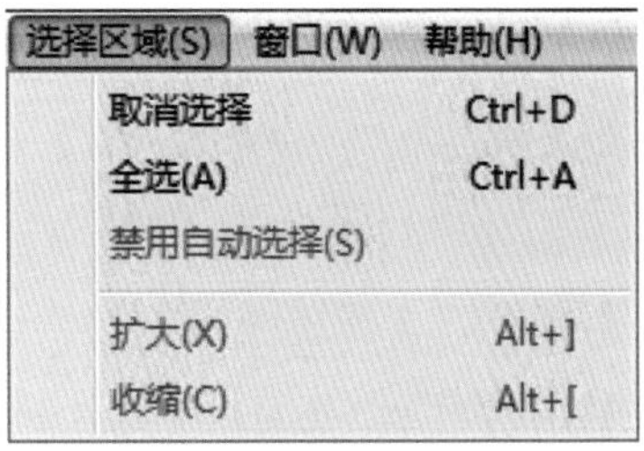

图11-92

"窗口"菜单控制面板和工具箱的显示和隐藏，如图11-93所示。

"帮助"菜单可以获取关于程序的帮助说明、技术支持等信息，如图11-94所示。

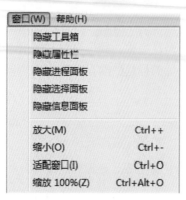

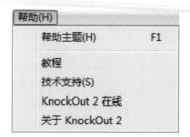

图11-93   图11-94

3. 属性栏

当选择一个工具后，属性栏中会出现该工具相应的参数，可以进行设置，这与Photoshop中的工具选项栏类似。如图11-95所示为选择内部对象工具 🖊 时显示的选项。

图11-95

4. 工具箱

工具箱位于程序界面的左侧，包括用于抠图的所有工具。

- 内部对象工具 🖊：用于绘制对象内部选区轮廓，如图11-96所示。
- 外部对象工具 🖊：用于绘制对象外部（即要删除的背景区域）选区轮廓，如图11-97所示。

图11-96   图11-97

- 内部阴影对象工具 🖊：用于绘制阴影内部的选区轮廓，如图11-98所示。
- 外部阴影对象工具 🖊：用于绘制阴影外部的选区轮廓，如图11-99所示。
- 内部注射器工具 🖊：为对象选区的内部或外部进行补色。
- 边缘羽化工具 🖊：为对象创建羽化的边缘。

图11-98　　　　　　　　　　　　图11-99

● 润色笔刷工具 ：可以恢复被删除的图像，如图11-100所示。

图11-100

● 润色橡皮擦工具 ：可以擦除多余的背景图像，如图11-101所示。

图11-101

- 抓手工具 🖐/缩放工具 Q：抓手工具在窗口中单击并拖动鼠标可以移动画面；缩放工具在窗口中单击可以放大窗口的显示比例，按住Alt键单击可以缩小窗口显示比例。
- "底色"按钮：单击该按钮，可以选择背景颜色，让抠取出的图像在不同颜色的背景上显示，便于观察图像细节，如图11-102所示。

图11-102

- "背景图像"按钮 🖼：可以选择一副图像作为背景文件，单击该按钮，会打开一个选择文件的对话框，选择一个图像文件即可，如图11-103所示。

图11-103

5. 进程面板

用来设置抠图的质量级别及输出抠图，如图11-104所示。

在"细节"部分可以设置不同的级别来改善抠图的精度，数值越高，抠出的图像越精确。下方是"处理和输出图像"按钮 ⟲，当设置好抠图的参数和选区后，单击此按钮即可开始处理抠图。

6. 选择面板

在程序界面的右侧为选择面板，使用它可以控制是否在画布中显示相应的选区线，如图11-105所示。

由上到下分别为内部选区线、外部选区线、内部阴影线、外部阴影线、内部注射器和边缘羽化。勾选某个选项后，就会在画面中显示该选项的选区线；取消勾选后，就会在画布中隐藏该选项的选区线。单击下方的眼睛按钮，将显示全部选区线；单击闭眼按钮，将关闭所有选区线的显示。

7. 信息面板

显示当前鼠标指针的坐标和RGB颜色值，如图11-106所示。

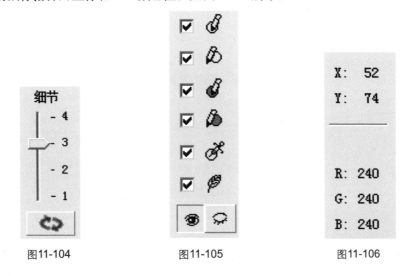

细节
- 4
- 3
- 2
- 1

图11-104

图11-105

X: 52
Y: 74
R: 240
G: 240
B: 240

图11-106

8. 状态栏

显示与当前工具操作相关的快捷键提示信息，如图11-107所示。

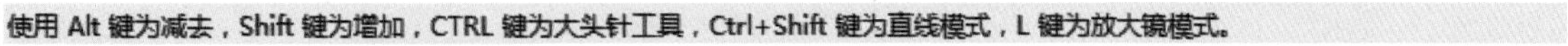

使用 Alt 键为减去，Shift 键为增加，CTRL 键为大头针工具，Ctrl+Shift 键为直线模式，L 键为放大镜模式。

图11-107

9. 工作区

工作区是抠图操作的主要显示区域，所有的操作任务都是在工作区中完成的。

11.4.2 抠取边缘复杂的人物

素材文件	素材\第11章\案例5_人物.jpg、案例5_背景.jpg	视频文件	视频文件\第11章\抠取边缘复杂的人物.avi
源 文 件	源文件\第11章\抠取边缘复杂的人物.psd	难度系数	★★★★
技术难点	● 使用KnockOut抠取人物图像比较常见，难点就在于头发发丝细节的处理。		

使用KnockOut滤镜抠图方法非常简单，只需要绘制内部和外部的选区就能够得到想要的图像。在绘制的时候要注意不要碰触到人物的边缘。原始图像和处理后的对比效果如图11-108所示。

图11-108

01 启动Photoshop CS6软件，在界面空白区域双击鼠标或者执行菜单"文件 | 打开"命令，选择随书配套光盘中的"案例5_人物.jpg"图像文件。按Ctrl+J组合键，复制"背景"图层，系统自动生成"背景 副本"图层，如图11-109所示。

图11-109

02 执行菜单"滤镜 | KnockOut 2 | 载入工作图层"命令，打开KnockOut滤镜，如图11-110所示。

图11-110

03 使用内部对象工具 🖋 在人物内部靠近边界处绘制选区，注意不要碰触到人物的边界，对于半透明的头发要让出一定的空间，必要时，按L键可以激活小型放大镜，以便能更加精确地绘制选区，也可以按住Shift键添加选区或者按住Alt键减选选区，如图11-111所示。

图11-111

04 使用外部对象工具 🖋 在靠近人物边界的背景区域绘制选区，注意不要碰触到头发，如图11-112所示。

图11-112

05 将"细节"设置为4，单击"处理和显示图像"按钮 ↩，抠出图像，如图11-113所示。

图11-113

06 单击选择面板中的闭眼按钮 ⊘ ，将选区隐藏，可以改变底色或者按Ctrl+"＋"组合键，放大窗口显示比例，按住空格键拖动鼠标移动画面来仔细观察人物和头发的细节部分，如图11-114所示。

图11-114

07 人物头顶，还有两边的头发处有缺失的地方，选择润色笔刷工具 ⁄ ，参照左侧的原图进行涂抹，修复缺失的图像，如图11-115所示。如果有多余的背景，可以用润色橡皮擦工具 ⁄ 擦除，如图11-116所示。

08 如果没有问题，执行菜单"文件 | 应用"命令，抠出图像，并返回到Photoshop工作界面中，将"背景"图层隐藏，图像效果如图11-117所示。

图11-115

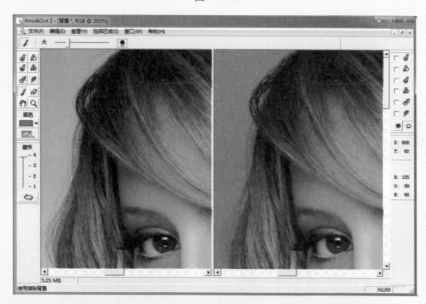

图11-116

图11-117

09 按Ctrl+O组合键，打开随书配套光盘中的"案例5_背景.jpg"图像文件，将抠取出的人物拖入到背景中，适当调整位置及大小，效果如图11-118所示。

图11-118

10 现在人物与背景的结合还是有些不太自然，还需要进一步调整人物的颜色。执行菜单"图像 | 调整 | 色彩平衡"命令，调整"阴影"、"中间调"和"高光"的数值如图11-119所示。最终完成效果如图11-120所示。

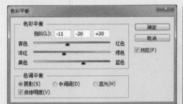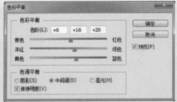

图11-119

图11-120

11.4.3　抠取火柴烟雾

素材文件	素材\第11章\案例6_火柴.jpg、案例6_背景.jpg	视频文件	视频文件\第11章\抠取火柴烟雾.avi
源文件	源文件\第11章\抠取火柴烟雾.psd	难度系数	★★★
技术难点	● 使用KnockOut抠取烟雾的效果也是比较出色的，在抠取的时候要准确定位单一像素点的位置。		

　　本实例中使用KnockOut滤镜抠取烟雾，在抠取的时候除了要绘制外部对象的选区，还要定位单一像素的内部选区，这样才能达到理想的效果。原始图像和处理后的对比效果如图11-121所示。

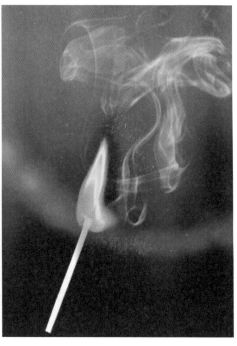

图11-121

01 启动Photoshop CS6软件，在界面空白区域双击鼠标或者执行菜单"文件｜打开"命令，选择随书配套光盘中的"案例6_火柴.jpg"图像文件。按Ctrl+J组合键，复制"背景"图层，系统自动生成"背景 副本"图层，如图11-122所示。

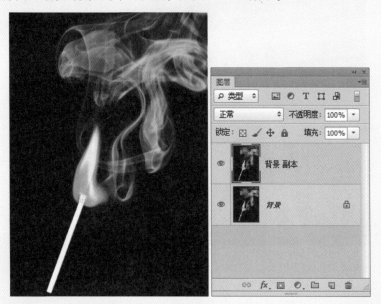

图11-122

02 执行菜单"滤镜｜KnockOut 2｜载入工作图层"命令，打开KnockOut滤镜，如图11-123所示。

图11-123

03 选择外部对象工具 ![工具图标]，在该工具的属性栏中勾选"多边形模式"复选框，沿着烟雾和火柴的外部绘制选区，不要碰触到烟雾和火柴的边缘部分，可以按L键激活小型放大镜，以便能更加准确地绘制选区，也可以按住Shift键添加选区，按住Alt键减选选区，如图11-124所示。

图11-124

04 选择内部对象工具 ![工具图标]，在该工具的属性栏中单击"单一像素内部选区"按钮 ![按钮图标]，在火焰的不透明度区域单击，定位单一像素点，如果位置有误，可以按住Alt键将像素框选，释放鼠标后即可删除错误点，如图11-125所示。

图11-125

05 将"细节"设置为4，单击"处理和显示图像"按钮 ⇄ ，抠出图像，可以更改底色来观察抠取出的图像，如图11-126所示。

图11-126

06 执行菜单"文件 | 应用"命令，返回到Photoshop工作界面中，隐藏"背景"图层，效果如图11-127所示。

07 按Ctrl+O组合键，打开随书配套光盘中的"案例6_背景.jpg"图像文件，将抠取出的火柴及烟雾拖入到背景中，适当调整位置及大小，效果如图11-128所示。

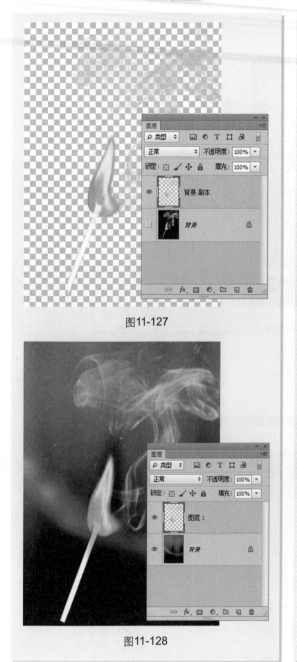

图11-127

08 为了使火焰与背景融合的效果更好，在"图层"面板中将"图层1"图层的混合模式设置为"变亮"，完成最终的效果如图11-129所示。

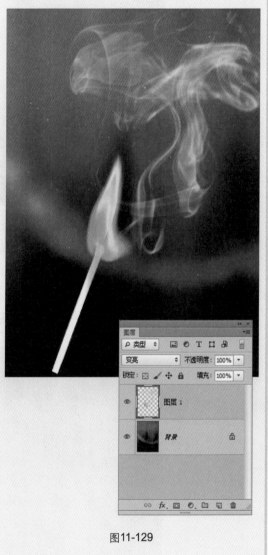

图11-128

图11-129

Chapter 12

第12章
常用图像抠图技法

　　在前面的章节中已经具体讲解了Photoshop常用的抠图工具以及抠图的一些技法，而在图形处理过程中难免会遇到各种各样的图片素材，那么如何在这些色彩繁杂的图像中选取所需要的部分呢？下面将针对不同的情况来向用户介绍几种常用的抠图技法。

 12.1　快速去除单一色调背景

素材文件	素材\第12章\案例1_人物.jpg、案例1_背景.jpg	视频文件	视频文件\第12章\快速去除单一色调背景.avi
源 文 件	源文件\第12章\快速去除单一色调背景.psd	难度系数	★★★
技术难点	● 通过"色彩范围"命令来选取图像。 ● 设置"色彩平衡"来更改图像的色调与背景搭配更加协调。		

在拍摄照片时，为了后期处理的需要，通常都会以单一色调的背景进行拍摄，这样便于抠取图像。下面就来看一下在单一色调背景中抠取图像的实例，以及如何将抠取出的图像与新背景更自然地结合在一起。原始图像和处理后的对比效果如图12-1所示。

图12-1

01 启动Photoshop CS6软件，按Ctrl+O组合键，打开随书配套光盘中的"案例1_人物.jpg"图像文件，如图12-2所示。

02 在"图层"面板中选择"背景"图层，然后复制该图层，默认图层名称为"背景 副本"，如图12-3所示。

03 执行菜单"选择 | 色彩范围"命令，打开"色彩范围"对话框，使用吸管工具在蓝绿色背景上单击取样颜色，注意观察对话框中的预览图，白色是选择的区域，黑色是非选择区域，如果觉得不合适可以移动"颜色容差"滑块进行调整，如图12-4所示。

图12-2

图12-3

图12-5

图12-4

04 单击"确定"按钮，返回到图像窗口中，创建选区，如图12-5所示。

05 按Ctrl+Shift+I组合键，进行选区反选，这时可以发现有一些漏选的地方，然后使用快速选择工具对选区进行调整，得到完整的人像选区，如图12-6所示。

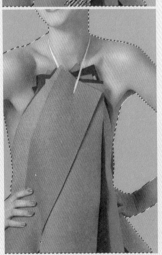

图12-6

06 按Ctrl+J组合键，复制选区内的图像，得到"图层 1"图层，隐藏该图层下方的所有图层，显示抠取出的人物图像，效果如图12-7所示。

图12-7

07 按Ctrl+O组合键，打开随书配套光盘中的"案例1_背景.jpg"图像文件，将抠取出的人物使用移动工具 拖曳至背景图像中，系统自动生成"图层1"图层，如图12-8所示。

图12-8

08 选择工具箱中的背景橡皮擦工具 ，在工具选项栏中设置取样方式为"背景色板" ，背景颜色设置为蓝绿色，将人物边缘的蓝绿色擦除掉，如图12-9所示。

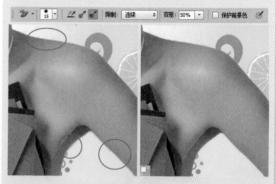

图12-9

09 执行菜单"图像 | 调整 | 色彩平衡"命令，打开"色彩平衡"对话框，分别设置"阴影"、"中间调"、"高光"的数值对图像进行调整，如图12-10所示。完成后的最终图像效果如图12-11所示。

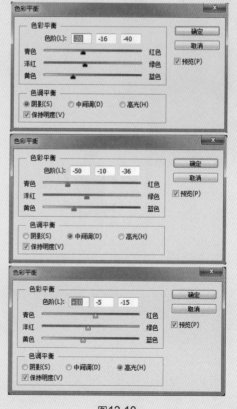

图12-10

图12-11

 ## 12.2 黑色背景下的抠图技巧

素材文件	素材\第12章\案例2_酒杯.jpg、案例2_背景.jpg	视频文件	视频文件\第12章\黑色背景抠图技巧.avi
源 文 件	源文件\第12章\黑色背景抠图技巧.psd	难度系数	★★★
技术难点	● 利用颜色通道和图层混合模式的配合来抠取图像。		

本实例主要通过另一种思维方式来抠取图像，就是通过颜色通道和图层混合模式的配合，但要注意的是这种方法只适合于背景色为黑色的图像抠图，对于非黑色背景图像不适用。原始图像和处理后的对比效果如图12-12所示。

图12-12

01 启动Photoshop CS6软件，按Ctrl+O
组合键，打开随书配套光盘中的
"案例2_酒杯.jpg"图像文件，如图12-13
所示。

图12-13

02 单击"图层"面板底部的"创建新图
层"按钮，新建3个空白图层，分别
命名为"红"、"绿"、"蓝"，如图12-14
所示。

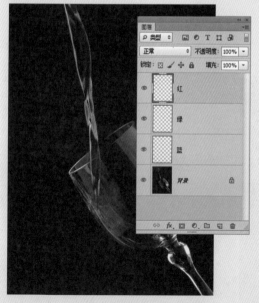

图12-14

03 打开"通道"面板，按住Ctrl键单击
"红"通道，载入红色通道选区，然
后选择"红"图层，并在该图层中填充红色
（R=255、G=0、B=0），再将"红"图层隐
藏，如图12-15所示。

图12-15

04 使用同样的方法，载入"绿"通道选
区，然后在"绿"图层中填充绿色
（R=0、G=255、B=0），再将"绿"图层隐
藏，如图12-16所示。

图12-16

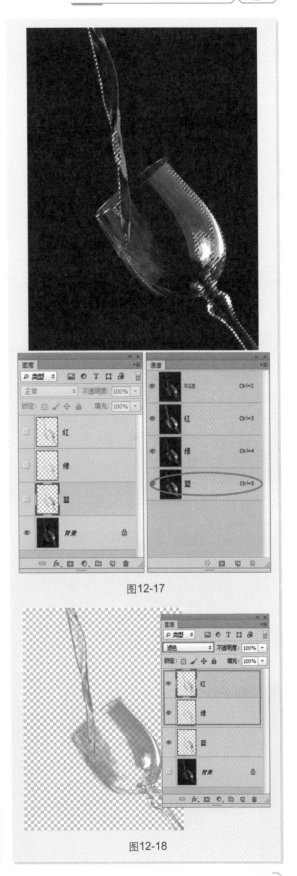

图12-17

05 使用同样的方法，载入"蓝"通道选区，然后在"蓝"图层中填充蓝色（R=0、G=0、B=255），再将"蓝"图层隐藏，如图12-17所示。

06 将"背景"图层隐藏，显示出"红"、"绿"和"蓝"图层，并将"红"和"绿"图层的混合模式设置为"滤色"，如图12-18所示。

图12-18

07 将"红"、"绿"和"蓝"图层进行合并，并按住Ctrl键单击合并后的图层载入选区，然后复制"背景"图层置于顶层，为该图层添加图层蒙版，如图12-19所示。

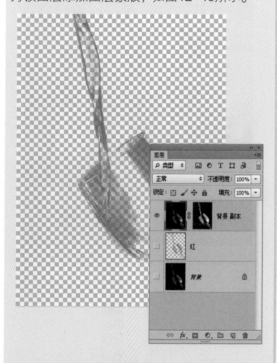

图12-19

08 按Ctrl+O组合键，打开随书配套光盘"案例2_背景.jpg"图像文件，将背景图像使用移动工具▶拖曳至酒杯文件中，如图12-20所示。

09 按Ctrl+U组合键，打开"色相/饱和度"对话框，调整设置参数，完成最终的图像效果如图12-21所示。

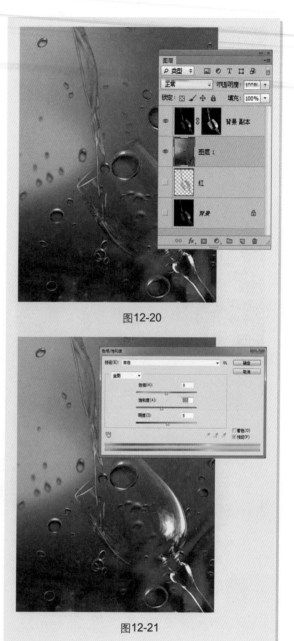

图12-20

图12-21

 ## 12.3 白色背景下抠选婚纱的技巧

素材文件	素材\第12章\案例3_人物.jpg、案例3_背景.jpg	视频文件	视频文件\第12章\白色背景下抠选婚纱的技巧.avi
源 文 件	源文件\第12章\白色背景下抠选婚纱的技巧.psd	难度系数	★★★★
技术难点	● 通过"色阶"命令使婚纱与背景分离，再利用通道来抠选婚纱。		

　　前面已经讲解过抠选婚纱的方法，本实例将通过学习在特殊条件下抠选婚纱的方法。仔细观察本实例所用图片可以发现，难点就在于婚纱与白色的背景颜色非常接近，婚纱的边缘与背景几乎

融为一体，很难用分界线区分，所以前面讲解过的方法就很难抠取出婚纱，需要通过另一种方法把婚纱从白色背景中分离出来，那么就可以轻而易举地抠取出图像。原始图像和处理后的对比效果如图12-22所示。

图12-22

01 启动Photoshop CS6软件，按Ctrl+O组合键，打开随书配套光盘中的"案例3_人物.jpg"图像文件，并复制"背景"图层，名称为"背景 副本"，如图12-23所示。

图12-23

02 按Ctrl+L组合键，打开"色阶"对话框，调整图像的对比度，直到能看清人物和婚纱的边缘，如图12-24所示。

图12-24

03 选择工具箱中的钢笔工具，并在工具选项栏中选择"路径"，沿着婚纱的边缘绘制路径，如图12-25所示。

图12-25

04 删除"背景 副本"图层，按Ctrl+Enter组合键将路径转换为选区，再按Ctr+J组合键将"背景"图层中人物和婚纱的部分单独复制成一个图层，名称为"图层1"，如图12-26所示。

图12-26

05 为了便于观察，可以在"图层1"图层的下面新建一个"图层2"图层，并填充为紫色，效果如图12-27所示。

图12-27

06 打开"通道"面板，复制"绿"通道，得到一个名称为"绿 副本"的Alpha通道，如图12-28所示。

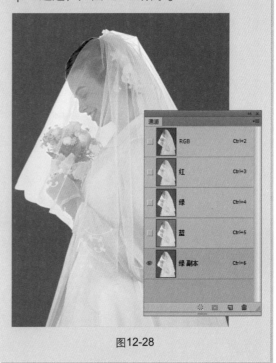

图12-28

07 选择"绿 副本"通道，按Ctrl+L组合
键打开"色阶"对话框，调整"绿 副本"通道的亮度和对比度，直到背景变为黑色，婚纱部分变为灰色透明为止，如图12-29所示。

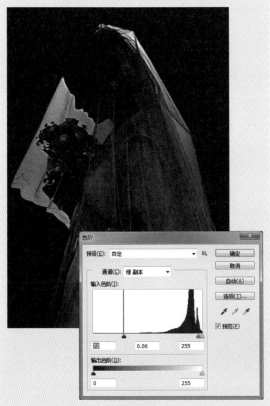

图12-29

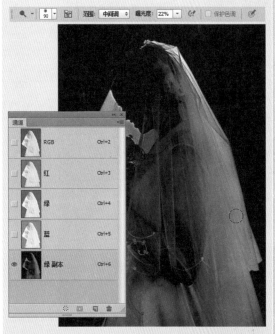

图12-30

08 接下来进一步调整通道，使用的方法在前面的第9章中都已经讲解过，大同小异，只要时刻记住黑、白、灰色在通道中的意义，那么就很简单了。选择工具箱中的减淡工具，将画笔设置为软画笔，然后在"绿 副本"通道中涂抹，直至婚纱的深灰色部分变为合适的灰色为止，如图12-30所示。

09 运用同样的方法，选择工具箱中的加深工具，将画笔设置为软画笔，然后在"绿 副本"通道中涂抹，直至婚纱的白色部分变为合适的灰色为止，如图12-31所示。

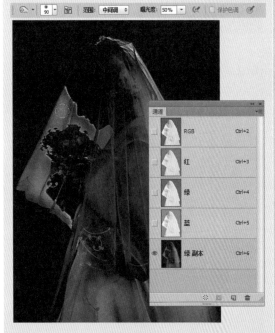

图12-31

10 按Ctrl+L组合键，打开"色阶"对话框，再次调整"绿 副本"通道的整体亮度和对比度，如图12-32所示。

11 按住Ctrl键并单击"绿 副本"通道，载入该通道选区，然后按Ctrl+2组合

键返回到图层显示状态，选择"图层1"图层，按Cul+J组合键，将选区中的图像复制出一个新图层，名称为"图层3"，隐藏"图层1"图层查看此时的图像效果，如图12-33所示。

图12-32

图12-33

12 重新显示"图层 1"图层并移至顶层，为"图层1"图层创建新的蒙版，如图12-34所示。

图12-34

13 选用黑色的柔角画笔，在"图层1"图层的蒙版上编辑，露出半透明婚纱的部分，也就是"图层3"图层中的婚纱，效果如图12-35所示。

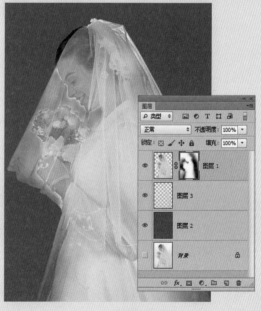

图12-35

14 按Ctrl+O组合键，打开随书配套光盘中的"案例3_背景.jpg"图像文件，将背景图像使用移动工具 ⊕ 拖曳至婚纱文件中，放置在"图层2"图层的上面，名称为"图层4"，如图12-36所示。

图12-36

15 选择"图层1"图层，执行菜单"图像 | 调整 | 亮度/对比度"命令，打开"亮度/对比度"对话框，调整参数，完成最终图像效果如图12-37所示。

图12-37

12.4　证件照背景颜色更换

素材文件	素材\第12章\案例4_证件照.jpg	视频文件	视频文件\第12章\证件照背景颜色更换.avi
源 文 件	源文件\第12章\证件照背景颜色更换.psd	难度系数	★★★
技术难点	● 通过"色彩范围"命令获取背景选区。 ● 复制背景并填充更改背景颜色。		

证件照在人们生活中经常会用到，在使用中证件照的背景颜色有时会做特殊的规定，如红色、蓝色或者白色，那么就需要对原有的证件照进行处理，通过选取证件照的背景，然后在该区域中填充颜色，就可以更换证件照的背景颜色。原始图像和处理后的对比效果如图12-38所示。

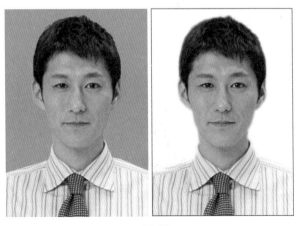

图12-38

01 启动Photoshop CS6软件，按Ctrl+O组合键，打开随书配套光盘中的"案例4_证件照.jpg"图像文件，并复制"背景"图层，名称为"背景 副本"，如图12-39所示。

图12-39

02 执行菜单"选择 | 色彩范围"命令，打开"色彩范围"对话框，单击证件照中的背景色部分设置颜色范围，效果如图12-40所示。

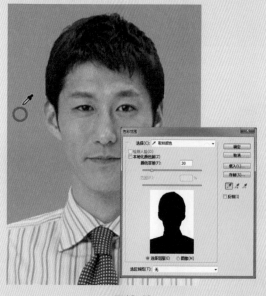

图12-40

03 单击"确定"按钮，创建选区，效果如图12-41所示。

图12-41

04 执行菜单"选择 | 修改 | 扩展"命令，打开"扩展选区"对话框，设置"扩展量"为2像素，单击"确认"按钮，扩展选区，如图12-42所示。

图12-42

05 执行菜单"选择 | 修改 | 羽化选区"命令，打开"羽化选区"对话框，输入"羽化半径"为2像素，单击"确认"按钮，羽化选区，如图12-43所示。

图12-43

06 按Ctrl+J组合键，复制选区内的背景图像，得到"图层1"图层，如图12-44所示。

07 单击"图层"面板中的"锁定透明像素"按钮，锁定"图层1"图层的透明区域，然后填充白色，替换证件照的背景颜色，完成最终效果如图12-45所示。

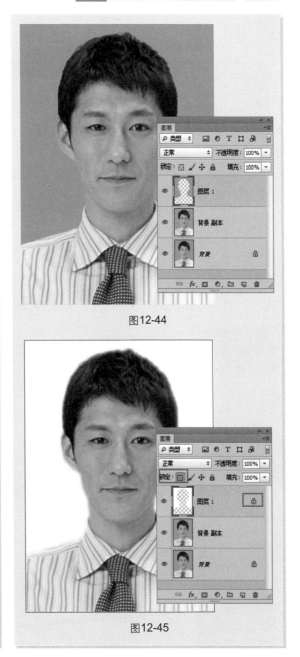

图12-44

图12-45

 ## 12.5　更换商品的颜色

素材文件	素材\第12章\案例5_商品.jpg	视频文件	视频文件\第12章\更换商品颜色.avi
源 文 件	源文件\第12章\更换商品颜色.psd	难度系数	★★★
技术难点	● 选取需要更换颜色的部分。 ● 通过"色相/饱和度"命令调整商品颜色。		

　　网上购物在互联网中越来越常见，也越来越被大多数人接受，在网络中热卖的同一款商品往往有多种颜色，如果要一个个去拍摄很麻烦，也无形中增加了很多的工作量，这就需要使用一种方

便有效的方法来解决。在本实例中将通过Photoshop的调色功能来更换商品的颜色。原始图像和改变颜色后的对比效果如图12-46所示。

图12-46

01 启动Photoshop CS6软件，按Ctrl+O组合键，打开随书配套光盘中的"案例5_商品.jpg"图像文件，并复制"背景"图层，名称为"背景 副本"，如图12-47所示。

图12-47

02 选择工具箱中的钢笔工具，将商品的轮廓绘制出来，如图12-48所示。

图12-48

03 按Ctrl+Enter组合键，将路径转换为选区；再按Ctrl+J组合键，复制选区中的图像并创建新的"图层1"图层，如图12-49所示。

图12-49

04 执行菜单"图像|调整|色相/饱和度"命令，打开"色相/饱和度"对话框，勾选"着色"复选框，调整各个参数来修改颜色，单击"确定"按钮，完成颜色调整。在这里需要知道的是，"色相"是用来修改图像的颜色；"饱和度"是用来修改图像的浓度；"明度"是用来修改图像的亮度，如图12-50所示。

图12-50

05 除了使用"色相/饱和度"命令外，还可以通过"图层"面板底部的"创建新的填充或调整图层" 按钮来实现。按住Ctrl键，单击"图层1"图层，载入选区，然后单击"创建新的填充或调整图层"按钮，在弹出的下拉菜单中选择"色相/饱和度"命令，设置"属性"面板中的各个参数，如图12-51所示。

图12-51

06 改变商品的颜色后，完成最终效果如图12-52所示。利用调整图层的最大好处就是可以随时调整参数来改变商品颜色，也可以很快的还原商品本身的颜色。

图12-52

Chapter 13

第13章
抠取特殊的图像

将图像中需要的部分从画面中精确地提取出来，这是抠取图像的基本要求，本章将通过各种抠图工具以及抠图技法的配合来抠取特殊的图像,如水波波纹、火焰和烟雾。

 13.1 抠取水波波纹

素材文件	素材\第13章\案例1_水波.jpg、案例1_背景.jpg	视频文件	视频文件\第13章\抠取水波波纹.avi
源文件	源文件\第13章\抠取水波波纹.psd	难度系数	★★★
技术难点	● 利用通道来抠取水波波纹。 ● 通过调整色阶以及图层的混合模式，使水波与背景融合的更加生动自然。		

  为了使风景图片更加生动，在后期处理时，通常会加入水波这样的效果，可以增加画面的灵动感，打破静谧的氛围，使画面更加生动真实。下面就来看一下如何抠取水波波纹，原始图像和处理后的对比效果如图13-1所示。

图13-1

01 启动Photoshop CS6软件，按Ctrl+O组合键，打开随书配套光盘中的"案例1_水波.jpg"图像文件，如图13-2所示。

02 执行菜单"图像 | 调整 | 色阶"命令，打开"色阶"对话框，调整各个参数，使画面对比度增加，如图13-3所示。

03 打开"通道"面板，观察各个通道，可以发现"红"通道的对比最强烈，按住Ctrl键单击"红"通道，载入"红"通道的选区，效果如图13-4所示。

图13-2

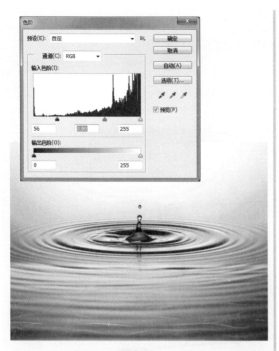

图13-3

图13-4

04 按Ctrl+2组合键返回到"图层"面板中，按Ctrl+Shift+I组合键对选区反选，新建"图层1"图层并填充白色，效果如图13-5所示。

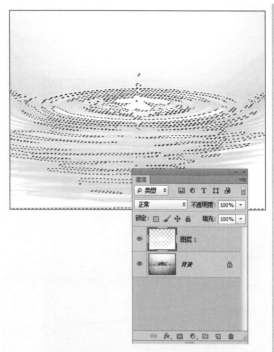

图13-5

05 按Ctrl+O组合键，打开随书配套光盘中的"案例1_背景.jpg"图像文件，把抠取出的水波图像拖入到合适的位置，按Ctrl+T组合键调整合适的大小，效果如图13-6所示。

图13-6

06 接着为"图层1"图层添加图层蒙版，将多余的水波隐藏，效果如图13-7所示。

图13-7

07 复制"图层1"图层，得到"图层1副本"图层，设置图层混合模式为"正片叠底"，然后将此图层置于"图层1"图层的下方，如图13-8所示。

图13-8

08 再次复制"图层1"图层，得到"图层1副本2"图层。接着右键单击"图层1副本2"图层，在弹出的下拉菜单中执行"应用图层蒙版"命令，为该图层应用图层蒙版，如图13-9所示。

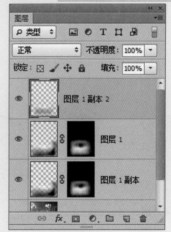

图13-9

09 按住Ctrl键并单击"图层1副本2"图层，载入选区。然后单击"图层"面板底部的"创建新的填充或调整图层"按钮，在弹出的下拉菜单中选择"色彩平衡"命令，设置"属性"面板中的"阴影"、"中间调"和"高光"的颜色值，如图13-10所示。调整水波的颜色，效果如图13-11所示。

10 将"图层1"和"图层1副本2"图层的"不透明度"均设置为50%，完成最终图像效果如图13-12所示。

图13-10

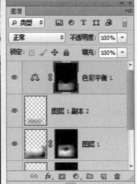

图13-11

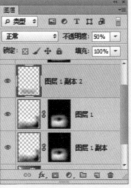

图13-12

13.2　抠取燃烧的火焰

素材文件	素材\第13章\案例2_火焰.jpg、案例2_光束.jpg、案例2_背景.jpg	视频文件	视频文件\第13章\抠取燃烧的火焰.avl
源 文 件	源文件\第13章\抠取燃烧的火焰.psd	难度系数	★★★★
技术难点	● 利用通道来抠取火焰。 ● 火焰与人物的结合需要图层蒙版来调整，为了达到更好的效果需要不断地去对细节进行调整。		

　　火焰的效果在后期特效制作中是比较常见的，本实例是通过把火焰从黑色的背景中分离出来，再将抠出的火焰拖入到人物图像中，通过调整颜色和图层蒙版来合成出特殊效果。原始图像和处理后的对比效果如图13-13所示。

图13-13

01 启动Photoshop CS6软件，按Ctrl+O组合键，打开随书配套光盘中的"案例2_火焰.jpg"图像文件，并复制"背景"图层，名称为"背景 副本"，如图13-14所示。

02 打开"通道"面板，选择"绿"通道，执行菜单"图像 | 计算"命令，打开"计算"对话框，选择"相加"模式，计算图像，创建Alpha1通道，如图13-15所示。

03 单击"确定"按钮，可以在"通道"面板中看到新建的Alpha1通道，按住Ctrl键单击Alpha1通道，载入选区，如图13-16所示。

图13-14

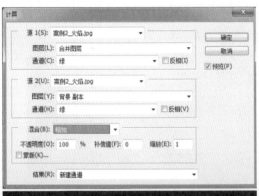

图13-15

图13-16

04 按Ctrl+2组合键，返回到"图层"面板中；再按Ctrl+J组合键，复制选区中的图像，隐藏掉不需要的图层，火焰的效果就抠取出来了，如图13-17所示。

图13-17

05 按Ctrl+O组合键，打开随书配套光盘中的"案例2_人物.jpg"图像文件，并复制"背景"图层，名称为"背景 副本"，如图13-18所示。

图13-18

06 单击"图层"面板底部的"创建新的填充或调整图层"按钮，在弹出的下拉菜单中选择"色彩平衡"命令，设置"属性"面板中的"阴影"、"中间调"和"高光"的颜色值，如图13-10所示。调整画面的整体色调，效果如图13-20所示。

动生成"图层1"图层，并将其放置在顶层，如图13-21所示。

图12-19

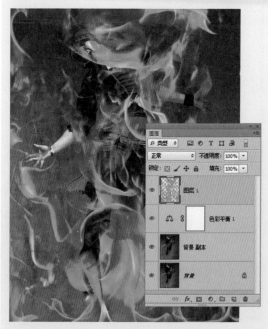

图13-21

08 按Ctrl+T组合键，调整火焰的大小，放置在合适的位置，新建图层蒙版，把不需要的火焰效果涂抹掉，如图13-22所示。

图13-20

07 使用工具箱中的移动工具 将刚才抠取的火焰拖入到人物文件中，系统自

图13-22

09 复制"图层1"图层，得到"图层1副本"图层，在该图层蒙版中填充白色，再用黑色的画笔工具涂抹掉不需要的火焰效果，如图13-23所示。

图13-23

10 复制"图层1"图层，得到"图层1副本2"图层，在该图层蒙版中填充白色，再用黑色的画笔工具涂抹掉不需要的火焰效果，如图13-24所示。

图13-24

11 按Ctrl+O组合键，打开随书配套光盘中的"案例2_光束.jpg"图像文件，使用工具箱中的移动工具 ➤+ 拖入到人物图像中，系统自动生成"图层2"图层，将其放置在"背景 副本"图层的上面，按Ctrl+T组合键调整图像大小，如图13-25所示。

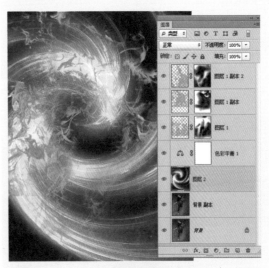

图13-25

12 在"图层2"图层中新建图层蒙版，在蒙版中把人物用黑色的画笔工具涂抹出来，并涂抹掉多余的部分，完成最终效果如图13-26所示。

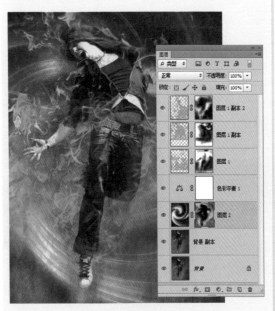

图13-26

13.3　抠取烟雾

素材文件	素材\第13章\案例3_烟雾.jpg、案例3_背景.jpg	视频文件	视频文件\第13章\抠取烟雾.avi
源 文 件	源文件\第13章\抠取烟雾.psd	难度系数	★★★★
技术难点	● 利用通道来抠取烟雾。 ● 烟雾与背景的结合需要通过调整图层蒙版和调整颜色来实现。		

　　在抠图中经常会遇到抠取各种形态的烟雾，与前面的方法大同小异，都需要在通道中来实现，图像的对比越明显，所抠取的烟雾越精细。原始图像和处理后的对比效果如图13-27所示。

图13-27

01 启动Photoshop CS6软件，按Ctrl+O组合键，打开随书配套光盘中的"案例3_背景.jpg"图像文件，并复制"背景"图层，名称为"背景 副本"，如图13-28所示。

图13-28

02 单击"图层"面板底部的"创建新的填充或调整图层"按钮 ，在弹出的下拉菜单中选择"色彩平衡"命令，设置"属性"面板中的"阴影"、"中间调"和"高光"的颜色值，如图13-29所示。调整画面的整体色调，效果如图13-30所示。

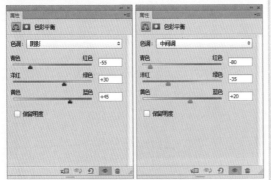

图13-29

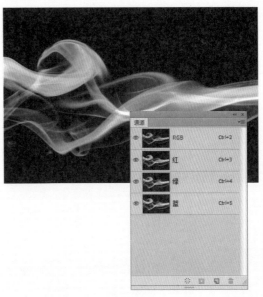

图13-31

04 复制"红"通道，为"红 副本"通道，执行菜单"图像 | 调整 | 色阶"命令，打开"色阶"对话框，调整各参数，如图13-32所示。执行后的效果如图13-33所示。

图13-30

03 按Ctrl+O组合键，打开随书配套光盘中的"案例2_烟雾.jpg"图像文件，然后打开"通道"面板，如图13-31所示。

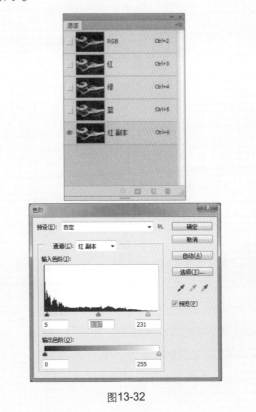

图13-32

图13-33

05 按住Ctrl键，单击"红 副本"通道，载入选区。按Ctrl+2组合键，返回到"图层"面板。按Ctrl+J组合键，复制选区图像，隐藏"背景"图层，就可以看到抠选出的烟雾，如图13-34所示。

图13-35

图13-34

06 将抠选出的烟雾拖入到背景文件中，按Ctrl+T组合键，调整烟雾的大小并放置在合适的位置，效果如图13-35所示。

07 按住Ctrl键单击"图层1"图层，载入选区。新建"图层2"图层，将选区颜色填充为白色，隐藏"图层1"图层，如图13-36所示。

图13-36

08 在"图层2"图层中新建图层蒙版，将烟雾多余的部分用黑色的画笔工具涂抹掉，效果如图13-37所示。

图13-37

09 按住Ctrl键单击"图层2"图层，并单击"图层"面板底部的"创建新的填充或调整图层"按钮，在弹出的下拉菜单中选择"色彩平衡"命令，设置"属性"面板中的"阴影"、"中间调"和"高光"的颜色值，如图13-38所示。调整烟雾的颜色，效果如图13-39所示。

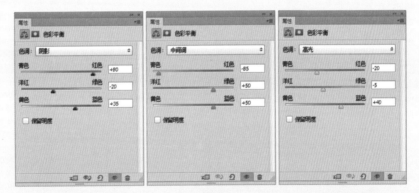

图13-38

图13-39

10 将 "图层2" 图层的 "不透明度" 设置为80%，完成最终图像效果如图13-40所示。

图13-40